适宜机械化生产的花生品种

粤油 7 号田间表现

航花 2 号田间表现

粤油 7 号

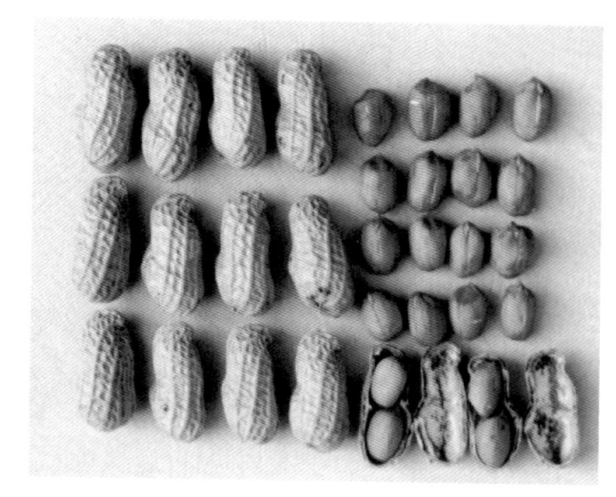

粤油 7 号果实

粤油 13

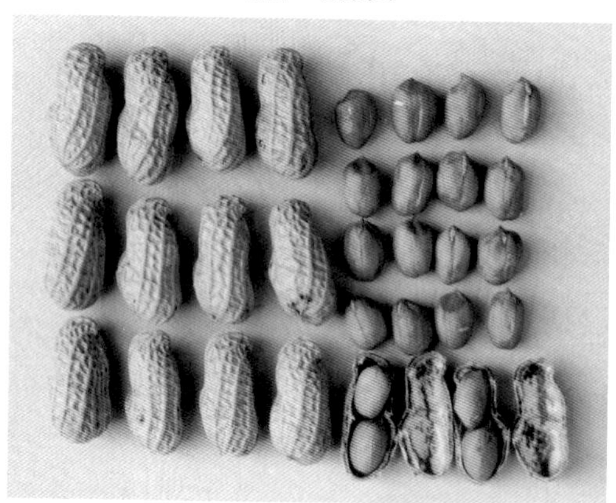

粤油 13 果实

航花 2 号

航花 3 号

机械深耕操作

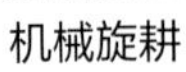

机械旋耕

机械起垄

播种机作业

播种机加种

花生联合收获机田间作业

花生摘果机

花生联合收获机

青枯病症状

根腐病症状一

根腐病症状二

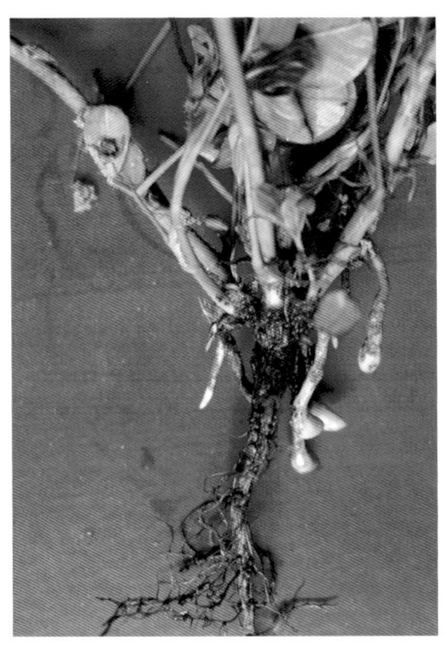

茎腐病根部症状

茎腐病叶片症状

叶斑病叶片背面症状

叶斑病叶片正面症状

花叶病毒病症状一

花叶病毒病症状二

丛枝病症状

丛枝病传播媒介——小绿叶蝉

花生锈病症状

花生叶螨危害状

花生叶螨

蓟马危害状

蓟马

卷叶虫

棉铃虫

棉铃虫危害状

细纹夜蛾成虫

蚜虫危害状

金龟子

蛴螬（金龟子幼虫）

"十三五"国家重点图书出版规划项目
改革发展项目库2017年入库项目

"金土地"新农村书系 · 经济作物编

花生
生产全程机械化技术

◎周桂元　梁炫强　主编

SPM 南方出版传媒
广东科技出版社｜全国优秀出版社
·广　州·

图书在版编目（CIP）数据

花生生产全程机械化技术 / 周桂元，梁炫强主编．—广州：广东科技出版社，2017.8

（“金土地”新农村书系·经济作物编）

ISBN 978-7-5359-6754-1

Ⅰ．①花…　Ⅱ．①周…②梁…　Ⅲ．①花生—机械化栽培　Ⅳ．① S233.75

中国版本图书馆 CIP 数据核字（2017）第 122723 号

花生生产全程机械化技术

Huasheng Shengchan Quancheng Jixiehua Jishu

责任编辑：罗孝政
封面设计：柳国雄
责任校对：陈　静
责任技编：彭海波
出版发行：广东科技出版社
（广州市环市东路水荫路 11 号　邮政编码：510075）
http：//www.gdstp.com.cn
E -mail：gdkjyxb@gdstp.com.cn（营销）
E -mail：gdkjzbb@gdstp.com.cn（编务室）
经　　销：广东新华发行集团股份有限公司
印　　刷：珠海市鹏腾宇印务有限公司
（珠海市拱北桂花北路205号桂花工业村 1 栋首层　邮政编码：519020）
规　　格：889mm×1 194mm　1/32　印张 5.25　字数 150 千
版　　次：2017 年 8 月第 1 版
2017 年 8 月第 1 次印刷
定　　价：20.00 元

内容简介

Neirongjianjie

全书结合我国花生生产实际，从品种特性、栽培技术、机械装备多方面统筹考虑花生生产的机械化问题，首先简单介绍了我国花生生产概述、主要营养成分及其价值、生长发育特性，然后围绕花生生产机械化的各环节，详细介绍了花生生产中整地、品种类型与种子准备、播种、施肥、灌溉、杂草防除、植株生长控制、病虫害防治、收获、产后处理等方面的机械化操作技术规范，充分展示了国内外花生机械化生产与栽培技术研究的最新成果和进展，对引领和指导花生生产机械化发展具有重要意义。全书行文通俗，适合从事花生栽培技术研究和推广的科技人员、花生种植专业户、合作社等参考应用。

目 录

Mulu

第一章
概　述

第一节　花生的起源

花生属（*Arachis*）植物起源于南美洲，由一大批二倍体种（2*n*=20）和少量四倍体种（2*n*=40）组成。开花后形成果针入土结果，是花生属植物区别于其他植物的根本特征。栽培种花生（*Arachis hypogaea* L.）为异源四倍体，是由二倍体野生种杂交演化而来，是花生属中唯一具有经济价值并被广泛种植的物种。

花生野生种分布于南美洲大部分地区，东起南美洲东岸，西至安第斯山麓，北临亚马孙河口，南至乌拉圭南纬 34° 的地区，分布范围覆盖巴西、巴拉圭、阿根廷、玻利维亚和乌拉圭等国家，至今我国尚未在自然界中发现花生野生种。

我国花生栽培的历史，学术界分歧较大。有人认为花生起源于我国，主要依据是曾在咸阳市秦都区张家湾汉景帝阳陵的考古挖掘中发现了类似花生种子的炭化物。这是目前考古发现我国花生历史的最早年代（公元前 141 年）。大多数学者认为我国栽培花生的历史早于 1492 年，考古发现比传统说法提前了约 1 600 年。最早记载花生栽培的是约 1 000 年前唐朝段成式撰写的《酉阳杂俎》。由古农书和地方志的记载可知，我国最早栽培的花生品种类型是龙生型，《花生育种学》认为，世界上除南美洲和我国尚有栽培外，国际上没有利用过，也很少有人研究过这种花生，因而认为我国栽培的龙生型花生并不是外国传入的，并据此支持花生的分类。

第二节　我国花生生产简况

我国花生种植面积为 460.39 万公顷，总产量为 1 648.1 万吨，亩产 238.67 千克（2014 年生产数据；亩为已废除单位，1 亩 ≈ 667 米 ^{2}）。我国花生生产可分出 7 个自然生态区域：北方花生产区，南方春、秋两熟花生产区，长江流域春、秋花生产区，云贵高原花生产区，东北早熟花生产区，黄土高原花生产区，以及西北花生产区。2014年，我国各地花生生产面积，河南省居首位，105.80万公顷，山东省居次席，75.53万公顷，广东省居第三位，35.73万公顷，河北居第四位，35.27万公顷。花生单产最高的四个省份是：安徽省（330.31千克/亩）、新疆维吾尔自治区（304.28千克/亩）、河南省（296.88千克/亩）和山东省（292.42千克/亩）。

第三节　我国花生生产机械化概况

一、花生生产机械化现状

花生生产过程中种子脱壳，收获时摘果，收获后干燥，用工多，劳动强度大，已成为农民繁重的劳动，成为花生规模化生产的限制因素，因此迫切需要机械化来减轻劳动强度和用工量。

花生生产机械经过十多年的发展，已有小成。小四轮拖拉机配套的花生播种覆膜机械产品已日臻成熟，在我国花生主产区得到了大面积推广与应用。另外，花生联合收获机是最近几年国内用户翘首以盼的急需产品，先后有多家企业的花生联合收获机研制成功。但我国花生生产机械化水平无论是同其他主要粮食作物比，还是同世界发达国家比，均处于较低水平，花生生产机械化还处于发展初期。

二、存在问题

从全国市场来看，虽然市场巨大，在不少花生产区机械化却没有达到普遍应用，主要原因如下：

（一）现有装备可靠性低，适应性差

在我国现有的花生生产机械中，耕整地、田间管理（灌溉、植保）机械多采用通用机具，已相对成熟；播种、覆膜等种植机械有

待完善；收获、摘果和脱壳等收获环节的机械品种少，性能和质量还不能完全满足要求。需结合花生品种特点、种植方式、各地区农艺制度，对播种机、花生联合收获机等设备进行优化提升和技术熟化，以提高作业的性能和适应性。

（二）农机与农艺、品种培育脱节，相互适应性差

花生茬口安排、种植方式、品种、田间管理与机械化生产均有直接关系。目前，我国尚未从品种筛选、种植技术、机械装备技术等方面综合研究，使农艺、品种与农机相互适应，系统解决花生全程机械化问题。以往花生育种在指标设计上追求抗病虫、抗逆、品质和高产，忽略了对机械化作业的适应性，导致大面积种植的花生对机械作业的适应性较差，特别是我国南方部分地区种植的蔓生花生、半蔓生花生，植株倒伏，果柄强度弱，给机械收获造成很大困难。在种植方式上，主要采用平作或畦作裸地模式，行距难以保证，给机械化收获造成较大困难；在收获方式上，多采用挖掘收获机，联合收获机尚未得到大面积推广应用。

（三）分散种植，不成规模

我国花生种植制度多样，且生产手段和经营方式落后，分散种植，不成规模，缺乏与现代生产手段相适应的集中、成片种植和规范化管理。

第二章

花生主要营养成分及其价值

花生富含蛋白质、脂肪，各种营养元素比较全面，且供给相对均衡，是目前较为理想的高蛋白、高脂肪营养物质来源。花生秧含有较高的粗蛋白质、粗脂肪等，其粗蛋白含量是稻秆的 3.6 倍，比玉米高 30.2%，比大豆秸高 13.1%，粗脂肪含量仅次于玉米，高于大豆、大麦、小麦等作物秸秆，且质地松软，具有较高的饲用价值。

第一节　蛋　白　质

花生仁含有 22%~37% 的蛋白质，其蛋白质含量是稻米的 3.5 倍、玉米的 2.9 倍、小麦的 2.2 倍，仅次于大豆。其中 90% 以上的花生蛋白质为球蛋白，含 18 种氨基酸，包括人体不能自身合成的 8 种必需氨基酸和婴儿必需的组氨酸。除蛋氨酸含量较少外，其他均接近和超过 WHO 规定的标准（表 1）。

表 1　花生蛋白质的氨基酸构成比例

必需氨基酸	WHO 模式	花生仁
异亮氨酸	4.0	3.6
亮氨酸	7.0	6.4
赖氨酸	5.5	4.8
蛋氨酸	3.5	2.0
苏氨酸	4.0	3.7
色氨酸	1.0	1.4
缬氨酸	5.0	6.0
苯丙氨酸	6.0	5.4
组氨酸	—	2.1

注：WHO 模式，世界卫生组织提出的蛋白质氨基酸构成比例模式。

与动物性蛋白的营养构成相似，其营养价值可与鸡蛋、牛奶、瘦肉相媲美。与其他植物蛋白相比，花生蛋白的消化率很高，消化系数可达 90%，易被人体吸收利用，其中赖氨酸有效利用率高达 98.96%，比大豆高 20%。同时，花生蛋白的功能与大豆蛋白接近，却比大豆蛋白更易吸收。因此，花生蛋白的生物学效价比大豆高得多。另外，花生蛋白较白，可溶性蛋白质和氮溶解指数（NSL）高，添加到动物食品或植物食品中，都能起到改善食品品质、强化食品营养的作用，并且有花生固有的香味，应用前景十分广阔。

第二节　脂　　肪

花生脂肪含量较高，花生仁含油量40%~60%，一般品种含粗脂肪50%左右。目前国内花生主要为油用，每年花生总产量50%以上用于榨油。花生油中的油酸和亚油酸等不饱和脂肪酸的含量高达80%以上，在不饱和脂肪酸中，其中油酸53%~72%，亚油酸13%~26%，亚麻酸约0.4%，花生烯酸约0.7%。花生油含有的人体必需的亚油酸、亚麻酸、花生油四烯酸等多种不饱和脂肪酸，对于降低人体血液中的胆固醇和预防心血管疾病有重要作用。花生油脂肪中的油酸含量仅次于菜籽油，是豆油的两倍多。最新研究认为，油酸比亚油酸清除脂蛋白时更有针对性，即它不会清除对人体有益的高密度脂蛋白。花生油中饱和脂肪酸约占20%，其中棕榈酸6%~11%，硬脂酸2%~6%，花生酸5%~7%。

花生油的特点是耐高温，豆油、菜籽油油温超过200℃，即可发生一系列化学变化，生成一些有害物质，而花生油油温达到250℃，仍未有明显变化，被营养专家誉为最安全的食用油，比较适合煎、炸、爆、熘等高温烹饪。

第三节　维　生　素

花生仁中含有一定的碳水化合物、维生素A、维生素B、维生素E、维生素K等人体必需的营养元素，尤其是B族维生素，经常吃花生类食品能滋补益寿。每100克花生仁含维生素B_1 0.72毫克，

是大豆的1.8倍，小麦的1.5倍，玉米的3.5倍，稻米的6.5倍。花生仁中以维生素E最多，维生素E的含量也是谷类作物的4~10倍。花生仁既可生食，也可熟食，可以最大限度地保持营养素不被破坏，尤其是维生素B_1极易在烹调和加热过程中流失，因此花生可以说是一种良好的营养补充剂。

第四节　矿　物　质

花生的矿质营养也很丰富，每100克花生仁中钙的含量为39毫克，是谷类作物的2~3倍，磷、硒、镁、铜、锰、钾的含量也较高。尤其值得提出的是，每100克花生油含锌8.46毫克，是豆油的7.8倍，菜籽油的15倍，色拉油的37倍。锌是人体不可缺少的微量元素，在人体内是20多种酶的辅助剂，特别是对儿童和老年人的身体具有重要的保健作用。因此，花生是食物补锌的优质来源，对提高青少年的记忆力、稳定旺盛的食欲、维持皮肤的生理代谢、促进正常的性发育都具有十分重要的作用。

第五节　其他营养成分

20世纪90年代末，美国营养界专家首先发起对花生油、花生酱及花生制品的科学研究，发现它们含有多种降低胆固醇、有益心脑血管、抗衰老等功能因子。

（1）花生中的β-固谷醇可有效保护心脑血管：墨西哥营养专家最近研究证实，花生、花生油中含有丰富的β-固谷醇，它不仅具有防治高血压、高血脂、高血糖的城市人“富贵病”的作用，还具有降低血脂、预防心脏病及抗癌的功能。β-固谷醇作为植物中的天然营养成分，通过清除肠壁残留物质，激活细胞，降低血液中的胆固醇，而对心脑血管起到保护作用。

（2）花生中的白藜芦醇可有效延缓衰老：美国营养专家经过研究发现，花生中含有一种生物活性很强的天然多酚类物质——白藜芦醇，其含量是葡萄中含量的908倍，达到27.7微克/克，它是肿瘤疾病天然的化学预防剂，也是降低血小板聚集，预防和治疗动脉粥样硬化心脑血管疾病的化学预防剂，具有抗氧化和稀释血液的性能，有助于降低人的胆固醇水平，改善心血管健康，有效延长寿命，是一种有潜力的抗衰老天然化合物。

（3）花生油中的辅酶Q对提高精力和脑力有特殊保健功能：美国保健营养知名人士简•卡帕在其专著《延缓衰老》一书中说，花生油中辅酶Q的含量高于所有植物油的含量。每100克花生油中含有辅酶Q 6~10毫克。辅酶Q对预防和治疗各类型心血管疾病，提高精力和脑力，保护牙龈健康，协助治疗癌症，都有特殊保健作用。

第三章
花生生长发育特性

第一节　花生生育期划分

花生具有无限生长的习性，其开花期和结实期很长，而且开花以后很长一段时间，开花、下针、结果连续不断地交错进行，但是花生各器官的发生、发育高峰的出现具有一定的顺序性和规律性。根据这些特点，可以将花生生育时期划分为出苗期、幼苗期、花针期、结荚期和成熟期等 5 个时期。

一、出苗期

从播种到全田有 50% 以上种子出苗、第 1 片真叶展开，为出苗期。春花生出苗期历时 10~20 天。花生在出苗期要求最低温度为 12~15℃，最适温度为 25~30℃。

二、幼苗期

从 50% 的种子出苗到 50% 的植株第 1 朵花开放，为幼苗期或苗期。春花生幼苗期历时 30~40 天，期间第 3 至第 7 片叶长出。

三、花针期

从 50% 的植株开始开花至 50% 植株幼果开始膨大成鸡头状幼果，为花针期。这是花生植株大量开花、下针、营养体开始迅速生长的时期。花生在花针期对温度的要求：最低温度 22℃，最适温度 25~28℃。春花生花针期历时 22~25 天，期间第 8 至第 11 片叶长出。

四、结荚期

从 50% 植株出现幼果开始膨大呈鸡头状到 50% 植株出现饱果，为结荚期。春花生结荚期历时约 20 天，期间第 12 至第 15 片真叶长出。这一时期是营养生长与生殖生长并盛期，叶面积系数、冠层光截获率、群体光合强度和干物质积累均达到一生中的最高峰。这一时期，大量果针下土发育成幼果，果数不断增加，是决定荚果数量的重要时期。

五、成熟期

从 50% 的植株出现饱果到大多数荚果饱满成熟，为成熟期或饱果期。春花生成熟期历时约 30 天，期间第 16 至第 20 片叶长出。成熟期要求最低温度为 15℃，最适温度为 25~33℃。

花生各生育期历时依品种、栽培地区和季节不同而异。以上所列春花生各生育期的历时及出叶数，可供春植珍珠豆型花生品种时做参考。

第二节　花生萌芽和出苗

一、荚果和种子

（一）荚果

在植物学上，花生的荚果叫颖果，由荚壳和种子组成。荚果的果喙，是指花生颖果顶端突出的部分，有时也叫果咀。果腰是指荚果各室之间缩缢部分。荚果的网纹是指荚果表面凸起的条纹。根据果喙、果腰和每个荚果所含的种子数量，可以将花生的荚果划分为 7 个类型（图 1）。

1．普通型

普通型荚果的果喙不明显，果腰较浅，每个荚果有种子 2 粒。

2．斧头型

斧头型荚果的果喙明显，前室和后室形成一个拐角，果腰深，每个荚果含种子 2 粒。

3．葫芦型

葫芦型荚果果喙不明显，果腰深，似葫芦状，每个荚果含种子2粒。

4．蜂腰型

蜂腰型荚果果喙明显，果腰较深，每个荚果含种子 2 粒。

5．茧型

茧型荚果的果喙不明显，果腰极浅，形似蚕茧，每个荚果含种子 2 粒。

6．曲棍型

曲棍型荚果果喙突出，各室间均有果腰，前端一室稍内弯，似曲棍，每个荚果有种子 3 粒或 4 粒。

7．串珠型

串珠型荚果的果喙和果腰均不明显，每个荚果含种子3粒或4粒。

根据每个荚果含种子数量，可将荚果分为双仁荚果和多仁荚果两类，上述中的普通型、斧头型、葫芦型、蜂腰型和茧型都是双仁荚果；曲棍型和串珠型由于每个荚果含有 3 粒或 3 粒以上种子，称为多仁荚果。荚果的形状是辨别花生品种的重要依据之一。

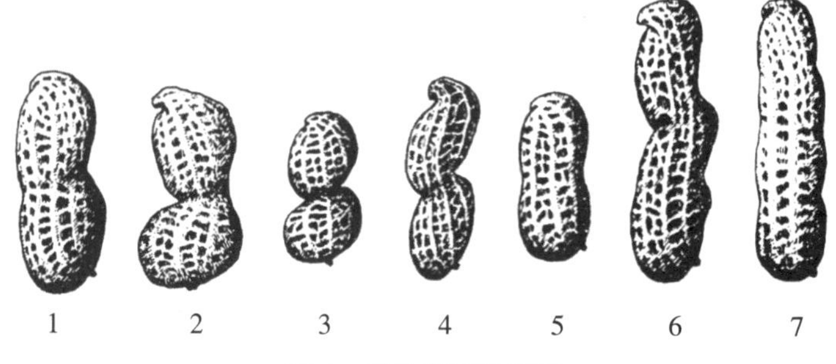

图 1　花生荚果的类型

1. 普通型；2. 斧头型；3. 葫芦型；4. 蜂腰型；5. 茧型；6. 曲棍型；7. 串珠型

（引自《中国花生栽培学》，2003）

（二）花生种子

花生的种子，俗称花生仁或花生米。花生种子由种皮和胚两部分组成。种皮有深红色、粉红色、紫红色等颜色，是品种遗传特性之一，也是辨别花生品种的依据之一。花生的胚由子叶、胚芽、胚根、胚轴等器官组成（图2）。子叶的重量和体积均占种子的90%以上。胚芽由1个主芽和2个侧芽组成。胚根位于两片子叶之下，整个胚的末端。种子的形状有椭圆形、圆锥形、三角形和桃形等形状，依品种不同而异。种子的形状也是辨别品种的依据之一。

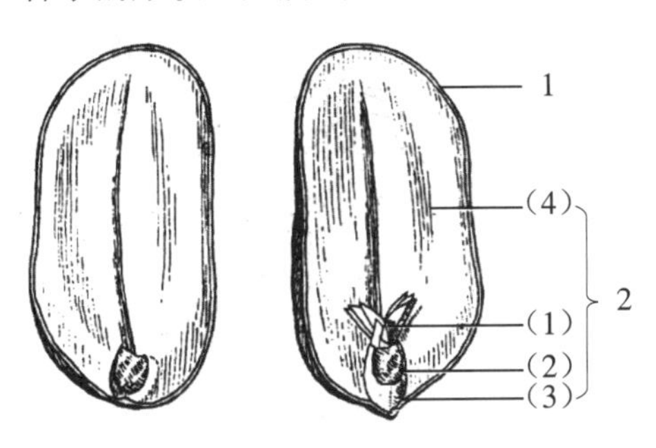

图2　花生种子的构造

1.种皮；2.胚：（1）胚芽，（2）胚轴，（3）胚根，（4）子叶

（引自《中国花生栽培学》，2003）

（三）种子休眠性

具有活力的成熟种子，在适宜发芽的条件下不能萌发的现象，称为种子的休眠性。种子通过休眠所需的时间称为休眠期。不同类型花生品种的种子休眠期差异较大，交替开花型品种休眠期为90~120天，有的品种长达150天以上，不能用于翻秋种植。连续开花型品种多无休眠期或休眠期短，这类品种若收获不及时，种子在地下开始发芽，会造成产量损失。珍珠豆型品种属于这种类型，适宜于翻秋种植。

二、种子萌芽出苗及影响因素

播种后，花生的种苗露出第1片真叶，并全部展开，这时叫出苗。从播种到全田有50%的幼苗出土，这一段时间叫出苗期。春花生出苗期一般为10~20天，秋花生出苗期为7天左右。影响花生

种子萌发和出苗的因素主要有以下几点：

（一）种子的活力

放置时间过长的陈旧种子、受病虫害侵害的种子发芽率低或完全不发芽。种子成熟度与种子活力关系密切。完全成熟的种子，活力旺盛，发芽势强，发芽率高，幼苗健壮。因此，选用大粒饱满籽仁作种，是花生苗全苗壮的关键。

（二）种子的休眠性

一些花生品种有休眠习性，若休眠期未过，种子不会发芽。

（三）温度

花生种子发芽对温度的最低要求为12~15℃，最适温度为25~30℃。温度低于12℃，或超过35℃，对花生种子出苗不利。

（四）水分

花生种子需吸水达其自身重量的50%左右时才能萌芽。播种时要求土壤含水量达田间最大持水量的50%~60%，即手捏土壤成团、落地散开时的土壤含水量最适宜花生种子萌发。

（五）氧气

花生种子含脂肪和蛋白质较多，种子萌发过程要将脂肪和蛋白质分解成蔗糖一类化合物，并释放出能量，供新器官生长。脂肪、蛋白质的分解需要大量氧气。若土壤水分过多，田间最大持水量达80%以上，氧气供应不足，种子萌发不良，甚至会出现烂种现象。所以，种花生的田块要求土壤疏松，水分适宜。

（六）播种深度

花生幼苗前期的生长主要靠子叶提供养分。同时，花生属于子叶半出土作物。当播种较浅，或土壤疏松时，幼苗出土时可见到两片子叶。若播种过深，或土壤黏重，子叶不出土。所以，花生播种时要注意：①种子不能倒放，若种子倒放，胚轴的伸长受阻，幼苗出土困难，生长不良；②播种后，种子覆土不宜过厚，若覆土过厚，胚轴生长过长，会造成苗瘦弱。

第三节　幼　苗　期

花生的幼苗期，是指全田有 50% 的种子出苗到全田有 50% 的植株第 1 朵花开放这段时间。幼苗期是花生植株营养器官生长期，是花生植株以生长叶片、分枝和茎为主的时期。

一、叶片和分枝生长

（一）叶片

花生的叶片有子叶和真叶两种。

花生的子叶肥厚，有两片，呈椭圆形或倒卵形。子叶出土时呈淡绿色或紫红色。

花生的真叶由小叶、叶柄和托叶组成。真叶互生，为偶数羽状复叶，一般由 2 对小叶组成，但有时也可见到由 3 片、5 片或 6 片，甚至更多片小叶组成的变态叶。小叶的形状有椭圆形、长椭圆形及倒卵形等。叶片的大小和形状因品种不同而异，也可作为鉴别品种的依据之一。但一般来说，同一植株上茎基部的小叶多为倒卵形，只有中部的小叶才具有品种的固有形状。

叶片的两对小叶在晚间或阴雨天会闭合，到第 2 天早晨或天气转晴时重新张开，这种现象被称为“感夜运动”或“睡眠运动”。出现这种现象，是由于花生叶枕内上、下半部细胞的膨压随光线的强弱而发生变化的结果。根据叶片的“感夜运动”，可判别植株是否处正常生长状态。

在每片真叶与茎交接的部位均长有 1 个腋芽，在适宜条件下，这些腋芽可发育成分枝。

（二）分枝生长

在幼苗期，种子中的胚芽逐渐发育成为主茎，或称主轴。主茎位于整个植株的中心轴。由主茎上叶片上的腋芽发育而成的分枝叫第 1 次分枝；由第 1 次分枝的叶片上的腋芽发育而成的枝条叫第 2 次分枝；如此类推，花生植株上可长出多次分枝。

花生植株最先长出的两个分枝由子叶节上的侧芽发育而成，由于两片子叶是对生的，故称其为第 1 对侧枝。由主茎上第 1 和第 2 片真叶的腋芽可发育成第 3 和第 4 个分枝。虽然这两个分枝是互生的，但因它们的间距短，近似对生，故称这两个分枝为第 2 对侧枝。花生开花结果主要集中在第 1 和第 2 对侧枝及它们的次生分枝上。根据调查，长在这类分枝的荚果占单株结果数的 80%~90%，其中，着生在第 1 对侧枝的荚果数又占总荚果数的 60% 以上。故在栽培管理上，促进第 1、第 2 次侧枝的生长对提高花生产量有重要意义。

（三）影响花生叶片和分枝生长的因素

1. 生育期

在苗期，植株的分枝和叶片生长慢，开花后生长加快，在结荚期生长速度最快，在饱果期转慢，在成熟期生长停止。

2. 品种类型

花生主茎上着生的叶片有 18~20 片。一般来说，普通型花生品种比珍珠豆型品种的分枝多，迟熟品种比早熟品种的分枝多，叶片多，植株高，长势旺。

3. 温度、光照、雨水等气候条件

温度高、光照强烈、雨水充足，植株生长旺盛，枝叶生长快且多。

4. 营养条件

土壤肥沃，施肥水平高，特别是施氮量大的情况下，花生枝叶生长旺盛。

二、根系生长、根瘤固氮及影响因素

（一）根系生长和根瘤固氮

花生的根系属圆锥根系，由主根、侧根和次生侧根组成。主根由种子内原有的胚根发育而成，侧根由主根分生长出，次生侧根则

由侧根分生长出。主根和侧根都着生有根瘤，根瘤内长有大量的细菌，叫根瘤菌，可以固定大气中的游离氮。主根入土一般为40~50厘米，最深可达2米。花生主根的伸长与花生生长进程的关系大致如下：播种后3~4天，主根长2厘米左右；出苗时，主根可达20厘米左右；始花期，主根可达60厘米左右。

生长在主根和侧根上的根瘤固定大气中的游离氮的过程，称为根瘤固氮。根瘤固氮是豆科作物的固有特性。一般每亩花生田可固定氮素5~6千克，所固定的氮素，其中约有2/3供花生本身生长所消耗，1/3残留在田间。但花生各生长发育期对所固定的氮素的利用情况有差别：一般来说，当花生植株主茎长出4~5片真叶时，根部开始结根瘤。在开花之前，根瘤菌与花生植株之间属于寄生关系，根瘤菌需从植株体内吸取养分才能继续繁殖生长。植株开花以后，根瘤菌与花生植株之间处共生关系，即根瘤菌所固定的氮素不但可满足自身生长，还可输出，供植株其他器官生长发育所利用。从盛花期到结荚初期，花生的固氮能力最强。到了饱果期，花生固氮能力衰退，乃至停止固氮。

（二）影响根系生长和根瘤固氮的因素

1．土壤的质地和结构

渍水田、土质黏重的田块不利于根系生长和根瘤固氮。一般来说，土质疏松、通透性好的土壤有利于花生根系生长和根瘤固氮。

2．温度

在18~30℃条件下，花生根系能正常生长，以25℃最有利于根系生长和根瘤固氮。

3．水分

土壤过湿或过于干燥均不利于根系生长和根瘤固氮。当土壤含水量达田间最大持水量的60%~70%时最有利于根系生长和根瘤固氮。

4．土壤酸碱度

以中性偏酸的土壤条件，即当土壤pH为5.5~7.2时最适宜花生根系生长和根瘤固氮。

5．营养条件

花生苗期吸氮过度会抑制根瘤菌的形成及其固氮作用的发挥。土壤含有机质丰富并有适量的氮、磷、钾、钙、钼等元素可促进根系生长和根瘤固氮。所以，在花生高产栽培中，重施以有机肥为主的基肥有利于花生苗期长根和根瘤固氮。

第四节　花　针　期

一、花的结构与花序

（一）花的结构

花生的花从花序苞叶的腋上长出。每节苞叶的叶腋上只着生 1 朵花。每朵花均由苞叶、花萼、花冠、雄蕊、雌蕊等 5 部分组成。花生的花结构见图 3。花生的花大部分长在地上部。在某些情况下，有的花长在地下，着生于植株基部、被土覆盖着的花叫地下花或叫闭花。

（二）花序

花生的花序属变态枝，亦称生殖枝或花枝。根据花轴的长短和着生花朵的差异，可以将花生的花序划分为 4 种类型：

1．短花序

短花序的花轴短，每个花序着生 1~3 朵小花，这些花的形状近似簇状。

2．长花序

长花序的轴较长，可着生 4~7 朵或更多的花朵。

3．混合花序

在混合花序的花轴上，开花结束后，在花序的上部还可长出真叶。

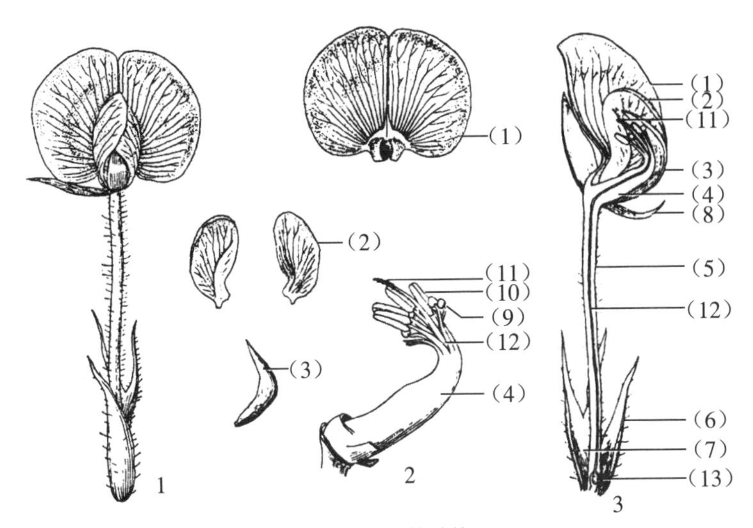

图3　花生的花结构

1. 花外观；2. 雄蕊管及雌蕊管的柱头；3. 花的纵切面

（1）旗瓣，（2）翼瓣，（3）龙骨瓣，（4）雄蕊管，（5）花萼管，（6）外苞叶，（7）内苞叶，（8）萼片，（9）圆花药，（10）长花药，（11）柱头，（12）花柱，（13）子房

（引自《中国花生栽培学》，2003）

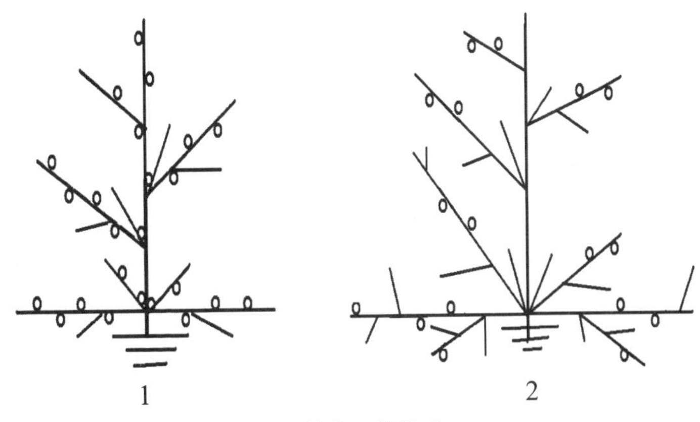

图4　花生开花模式

1. 连续开花型；2. 交替开花型

4. 复总状花序

在侧枝的基部集中生有几个短花序，形似丛生。

根据花序和营养枝着生位置的差异，又可将花生不同品种的开花习性归纳为下列两种开花模式（图 4）：

（1）连续开花型或连续分枝型。这一类型品种植株上每个侧枝节均可着生花序并连续开花。珍珠豆型花生具有连续开花习性。

（2）交替开花型或交替分枝型。这一类型花生品种侧枝基部第 1 至第 3 节或第 1 至第 2 节只长营养枝，在第 4 至第 6 节或第 3 至第 4 节才长出花序，营养枝与花序交替出现。这一类花生品种的开花模式叫交替开花型或交替分枝型品种。

蔓生型花生品种具有交替开花习性。花生的花序结构和开花习性是品种的固有特性之一。了解花生的花序结构和开花习性对辨别品种有重要作用。

二、花芽分化及影响花芽分化的因素

（一）花芽分化

每个花序的分化大体上经历 10 个阶段：①花序原基分化期；②外苞叶原基分化期；③花芽原基分化期；④内苞叶原基分化期；⑤萼片原基分化期；⑥雌雄蕊花瓣原基分化期；⑦花粉母细胞分化期；⑧四分体形成期；⑨花粉充实期；⑩花粉完成期。

花芽分化全过程需 20~30 天，因品种和栽培条件不同而异。例如，珍珠豆型花生品种在种子收获时已有花序原基；种子萌芽后，花序分化已达外苞叶形成期；子叶露土时可以见到第 1 个花芽原基，即处花序分化的第 3 期；幼苗主茎的第 2 片真叶展开时可见萼片的原基，即花序分化已达第 5 期；以后，幼苗主茎每长出 1 片叶，花芽分化增加一期。

花生从出苗到荚果成熟均有花芽分化，在第 1 朵花开放或稍前时花芽分化最多。在此之前分化的花多为有效花，日后能受精结荚，以后分化的花多为无效花。故培育壮苗是花生高产栽培的关键一环。

（二）影响花芽分化的因素

1. 养分

只有当植株吸收充足的养分，才能分化出多且健壮的花芽。所以，花生栽培在施足以有机肥为主的基肥的基础上，还要适当补施速效肥。

2. 天气

低温阴雨时，花芽分化推迟，不孕花增多。温度过高也不利于花芽分化，最适合花生花芽分化的温度为25℃左右。

3. 水分

在土壤含水量达田间最大持水量的40%~60%时，植株花芽分化最理想。

三、开花受精及影响因素

（一）开花过程

花生开花前，幼蕾开始膨大，从叶腋及苞叶中伸出。开花前1天，萼片在白天裂开，到了晚上，花萼管迅速伸长。到次日下午17:00—19:00，花瓣张开，花药开裂散粉。花粉粒散落在柱头上，并萌发形成花粉管。随后，花粉管向子房的胚珠方向迅速伸展，在授粉后5~9小时，花粉管到达花柱的基部，再过10~18小时，双受精作用完成。受精后的当天，花瓣凋萎脱落，并逐渐形成果针。

（二）开花特点及其原因

在正常情况下，主茎长出7~8片叶时，植株开始开花。开花的顺序由下而上，自内而外，依次开放。一般始花后7天左右进入盛花期。花生由始花到终花需25天以上。开放后能发育成饱果的花朵叫有效花。春花生的有效花期为始花后20~25天，秋花生的有效花期为始花后15天左右。

花生开花具有花期长、花量大、不孕花多、有效花少等特点。

据调查观察，珍珠豆型花生品种从始花到开花结束，历时可达60天，单株开花数50~100朵，最多达200朵以上；蔓生型花生品种从始花到开花结束，历时100~120天，单株开花数100~200朵，最多达1 000朵以上。花生的不孕花常占开花总量的30%左右，花针率占开花总数的50%~70%，花果率只有15%~20%，饱果率只占开花总数的10%~15%。在环境条件不良情况下，上述比例会进一步下降。

造成花生不孕花多、有效花少的原因主要有：①低温、干旱或营养不足等原因导致花朵生理不孕；②花器发育不健全导致花朵形态不孕。

（三）影响开花受精的因素

1．光照

花生属短日照作物，短日条件可促进花生开花，强光条件可使开花数增加。

2．温度

花生开花要求的最低温度为22℃，最适温度为25~28℃，超过30℃或低于22℃，植株开花数减少。

3．水分

花生开花要求田间土壤含水量适宜，以含水量达田间最大持水量的60%~70%为佳。

4．营养条件

土壤供给的氮、磷、钾、钙等营养元素充足，植株开花和受精的花朵多。硼可促进花粉管伸长，提高花朵受精率。所以，在开花期间适当施用硼砂等微量元素可提高花朵的受精率。

四、下针及影响下针的因素

（一）果针生长

花生开花后3~5天，子房从花器中推出，形成肉眼可辨认的针状物。这针状物由子房柄和子房收缩而成，称果针。果针可吸收水分和养分，供荚果生长发育。

果针生长具有向地性。果针伸长扎入地下的过程叫下针。果针伸长的生理原因是：果针尖端后面长1.5~3.0毫米区段的分生区细胞不断分裂，产生动力，推动果针伸长。这一部分细胞的分裂受花朵受精后原胚产生的激素所控制。当果针入土，子房膨大，原胚分化结束后，果针停止伸长。从全田有50%的植株开始开花到有50%的植株长出鸡头状幼果止，这段时间叫花生的开花下针期，简称花针期。

（二）影响花生下针的环境因素

1．田间空气湿度

有试验表明，在田间空气相对湿度100%、77%、57%条件下，花生果针平均每天分别伸长0.62厘米、0.32厘米和0.02厘米。说明空气湿度大有利于花生下针，空气干燥不利于花生下针结荚。

2．温度

25~28℃是花生下针的适宜温度。温度过低或过高均会影响花生的下针。

3．土壤质地和土壤含水量

湿润疏松的壤土或沙土有利于花生下针。

4．果针的着生部位和果针长势的强弱

长在高位分枝的果针、离地表较远的果针入土困难，长得较长、细、软弱的果针入土能力差。上述这些果针成为荚果的机会少。

第五节　荚 果 发 育

一、荚果发育过程及其特点

花生果针入土后，子房膨大，逐渐发育成为荚果，这一过程叫花生结荚。花生结荚期是指全田有50%的植株长出鸡头状的幼果到全田有 50% 植株长出饱果这一段时间。一个荚果从开花到完全成熟约需 60 天。以珍珠豆型花生为例，果针入土后的天数与荚果发育大致进程见表 2。

从全田有 50% 的植株出现饱果到荚果饱满成熟，这一段时间称为饱果成熟期。花生的结荚成熟有以下基本特征：①果针结荚明显不一致，成熟不整齐，收获时，在同一植株上，成熟的荚果和非成熟的荚果共存；②荚果的质量不一致，在同一植株上常可见到饱果、秕果、幼果、单仁果、双仁果、多仁果并存。

表 2　花生果针入土后天数与荚果发育进程

荚果发育期	荚果膨大期			荚果充实期	
果针入土 / 天	4~5	6~20	21~35	30~55	55~60
荚果发育进程	形成鸡头状幼果	荚果数量快速增长	荚果数量确定，壳白色	壳变薄变硬，网纹清晰	脂肪、蛋白质含量达高峰。种皮显示品种本色

二、影响荚果发育的环境因素

花生荚果发育需要满足下列基本条件：

（一）黑暗

受精后的子房必须在黑暗的条件下才能膨大。一些试验表明，果针受精后即使不入土，经黑暗处理也可膨大。

（二）机械刺激

机械刺激是花生荚果发育的重要条件之一。果针入土过程产生的摩擦作用，以及风吹过时使植株摇摆，是自然状态下产生的机械摩擦作用。

（三）水分

荚果正常发育要求田间土壤保持湿润状态。结荚期以土壤含水量达田间最大持水量的 60%~70% 为宜。结荚期如果出现干旱，荚果变小，并可能出现畸形果。

（四）氧气

荚果发育是一个消耗能量较多的生理过程，需要供给大量氧气。氧气供应不足，荚果发育不良。故通透性好的土壤有利于荚果发育。

（五）温度

低于 15℃，荚果停止发育。荚果发育的适宜温度是 25~33℃，但温度过高也不利于花生荚果的发育。

（六）营养条件

结荚期间，若植株缺钙或缺乏其他营养元素，秕果和空荚的数量增加。原因在于花生壳含大量的钙，钙供应不足将影响荚果的发育。花生荚果发育所需的钙，主要靠荚果本身从土壤中吸取，所以，在结荚期间适当施用石灰一类钙肥对增加产量有重要的作用。

第六节　花生产量形成

一、产量构成

花生产量取决于单位面积内株数和单株生产力，而单株生产力又取决于单株结果数和荚果重。单位面积的株数、单株结果数和荚果重是构成花生产量的 3 个基本因素，亦称产量构成。其关系式为：单位面积产量＝单位面积株数 × 单株结果数 × 荚果重。现将这三个产量构成基本因素的形成过程及影响它们的环境因素介绍如下：

（一）单位面积株数

单位面积株数是构成花生产量的主要组分之一，在花生产量构成中起主导作用，将单位面积株数控制在适宜范围内是花生高产的基础。单位面积株数过多时，单株生产力会下降，不能增产；反之，株数过少，单株生产力虽然高，田间空间光能没有充分利用，产量不会高。因此，合理密植是高产的基础。但株数主要受播种量、种子出苗率和成株率等因素影响。每亩播种量要根据品种、气候条件、

土壤条件、水肥条件和栽培技术水平的不同而作相应调整。一般来说，珍珠豆型花生品种可亩播 2.0 万 ~2.5 万粒种子，蔓生型花生品种每亩可播 1.2 万 ~1.5 万粒种子。出苗率受种子的质量、气候、土壤和播种量等因素影响，变化大。成株率则受自然条件和栽培措施影响较大。因此，选用活力强的种子、提高播种质量、加强苗期管理、提高出苗率是花生高产栽培的重要措施。

（二）单株结果数

在栽培条件相同的情况下，单株结果数主要受单位面积株数的影响。如果给予充分的空间和生长发育条件，单株果数可达到 100 多个，在正常密度范围内，单株结果数一般为 10~20 个，多者可达几十个，少者仅有 3~5 个荚果。在合理的密度范围，尽可能增加单株结果数是花生高产栽培的有效途径。单株结果数主要受第 1 对、第 2 对侧枝的发育状况以及花芽分化、花朵的受精率、荚果的结实率等因素影响，因此在结荚期以前，采取有效的栽培措施，可以提高单株结果数。

（三）荚果重

花生荚果重是品种种性，不同品种，荚果大小差异很大，受遗传因素影响。在单株荚果数相同的条件下，荚果大，花生单产高。花生的荚果重受荚果内的种子粒数、粒重等影响。在荚果发育过程中，如果只有 1 个胚珠受精并发育，则整个荚果形成单仁果，若有 2 个胚珠受精并发育正常，则形成双仁果，3 个胚珠同时受精发育，则形成三仁果。珍珠豆型和普通型花生品种以双仁果为主，有少量单仁果。多粒型和龙生型花生品种一般一个单株同时有三仁果、双仁果和单仁果。花针期和结荚期的环境条件是影响胚受精率和受精胚发育的重要因素。

二、高产群体动态发展基本特点

群体结构是指群体的组成和方式，如作物种类、数量、生育情形和排列方式等。群体结构代表群体的基本特性，是影响花生产量的重要因素。合理的群体结构，是花生高产的基础。花生的群体结构可通过两种方式进行调节，一种是自动调节，另一种是人工调节。花生群体的自动调节是群体发展过程中的一个普遍现象，是群体适应的表现。对起点不同的群体，通过不同的发育过程，最后达到比较接近的状况，这种现象称为群体的自动调节。如密度不同的群体，在通过一定发育时期后，群体叶面积系数和光截获率达到比较接近的水平。利用群体的这种自动调节作用，可以达到高产水平。如在肥水条件较好的条件下，适当减少密度可以获得高产；在肥水条件较差的条件下，适当密植，也可获得高产。花生群体这种自动调节作用具有遗传保守性，不同品种不同类型，群体自动调节能力如单株结果能力和分枝能力等存在很大的差异。一般蔓生型品种最强，直立型品种最弱，半蔓型品种居中。因此，为确保花生群体具有合理的结构，必须采取群体的自动调节和人工调节相结合，从而达到高产、稳产的目的。

根据花生高产栽培经验，丰产花生田的群体结构主要有以下 3 方面的特点：

（一）群体结构合理

高产田具有单位面积株数多，群体结构紧凑，个体发育良好，生长整齐一致，根群强大，叶层结构合理，茎枝层坚韧、抗倒能力强等特点。对亩产 400 千克以上的珍珠豆型花生品种的群体结构调查结果见表 3。为达到上述指标，苗期的管理要求达到“三叶苗三个叉，八叶期六个丫”的丰产长相。

表 3　亩产 400 千克以上珍珠豆型花生群体结构

亩株数 / 万	成株率 /%	根系分布 / 厘米		最大叶面积指数		茎高 / 厘米	单株有效分枝 / 个
		深度	广度	结荚期	饱果期		
1.8~2.0	100	>40	>30	5~5.5	3	35~50	>5

（二）群体光合性能好

高产花生田块具有光合势大（每亩总叶面积达 3 300~3 500 米^2）、净同化率高 [5~7 克 /（米^2·天）]、干物质积累快且多 [18~20 千克 /（天 · 亩）]、经济系数高（0.5~0.67）等特点。

（三）开花多，开花整齐，果多且饱满

亩产 300 千克以上的高产田，始花 20 天内，每亩开花数达 90 万 ~100 万朵，结实率占开花总数的 20%~30%，饱果率占开花总数的 15%~20%。

花生要高产，不仅要有较高的叶面积，同时生育后期叶面积下降速度要慢，以便使花生收获时叶面积仍保持在一个较高水平。关于花生适宜最高叶面积，现有研究结果认为，蔓生型品种可达到 8~9，疏枝直立型品种约为 5.5。超过最高适宜叶面积，花生易出现倒伏现象。由此可见，进一步提高花生产量的主要途径是延长叶面积的高峰期，而不是进一步提高叶面积的峰值。因此，要防止花生早衰。

保持饱果期绿叶面积和保持叶片的生理功能是增加果数、提高产量的一个关键。在生产上，往往突出的问题是进入饱果期后叶面积和光合生产率同时锐降，干物质积累量下降到很低的水平，出现早衰现象，一般会导致减产 20%~30%。防止早衰，一般在结荚期到饱果初期进行叶面喷肥。每亩喷液肥 75~100 千克（内含磷酸二氢钾 0.2%、过磷酸钙 2%，对植株长势较弱、叶片黄的地块再加尿素 1%~2%），每隔 7~10 天喷 1 次，一般喷 2 次，在 16:00 后进行。同时，在干旱情况下及时灌水，对防止早衰有促进作用。

第四章
整地技术

第一节　花生对土壤的要求

一、土壤选择

耕作层深厚、排水良好、有机质含量丰富、土质疏松易碎，且富含钙的沙壤土最适宜种植花生。这样的土壤有利于花生种子萌芽、长根、长叶、果针入土以及整个生长发育过程的田间管理。对于不良的土壤，在种植花生前可按照“沙掺黏，黏入沙”的原则进行客土改良土壤，要求田块达到“三成沙七成黏”或“四成沙六成黏”的沙黏比例。

花生连续多年种植，会加重病虫害，特别是青枯病的发生，最好每隔 1~2 年与水稻、蔬菜或其他作物轮作。

二、整地要求

（一）整地要早

对于春花生，在前一年晚稻收获后随即犁田晒冬，使土壤有一段晒白风化时间，冬至前后耕冬翻晒，春节前再犁耙一次，然后起畦播种。秋植花生田要在早稻收获前及早疏沟排水，夏收后及早犁耙田和起畦，适时播种。

（二）深耕、细碎土、平整土地、起畦

起畦可相对加厚耕作层，提高昼夜温差，使田间通风透光，有利于花生根系生长和结荚。水田花生提倡起窄畦、高畦，畦面宽 80~100 厘米（包沟）。大垄双行是机械化生产的技术要求，要挖好三级排水沟，畦沟深 20~25 厘米，田中十字沟沟深 25~30 厘米，田外排水沟沟深 40 厘米以上。旱坡地深松耕作 30 厘米，开好环山沟，畦沟深 13~17 厘米。

三、施足基肥

基肥一般以施用厩肥、堆肥、绿肥、火烧土等有机肥为主，并配合适当数量速效氮磷钾肥。基肥用量一般占全生育期施肥总量的70%~80%。

结合整地施肥，有机肥最好在犁后旋耕前铺施。一般有机肥和磷钾肥等化肥一次性施下。一般中等肥力的土壤亩施腐熟农家肥1 000~1 500千克、过磷酸钙25千克、尿素5~10千克。用于基肥的有机肥和磷钾肥混合均匀后，可选用下面一种方法施肥。

（一）犁底施肥

在耕地时用施肥整地机械（如深翻耕作、深松耕作机械）或在犁上安装肥箱及排肥等施肥装置，在翻地的同时以强制形式将化肥连续均匀施入土层中的方法。使用这种机械深施肥料的过程叫作犁底施肥。犁底施肥可用犁底施肥机完成。

（二）土表施肥

用施肥机将混合均匀的肥料均匀地施在土层表面，然后结合旋耕将肥料均匀施于土中。或者在耕地时在旋耕机上安装肥箱及排肥等施肥装置，按农艺要求深度一次性施入土壤表层中，以提供作物不同时期的养分，满足生长发育阶段的营养需要。对酸性土壤，可撒施适量石灰。

（三）播种施肥

花生覆膜播种机与小四轮拖拉机配套使用，一次可完成镇压、筑垄、播种、施肥、覆土、喷药、覆膜和膜上筑土等多道农艺工序。在完成机械播种、机械施肥和机械喷施除草剂作业后随即进行机械覆膜。长效肥料一次性深施打破了传统的耕作程序，同时结合化学除草剂封闭，减少了人工间苗和人工除草环节，节省了劳动力，提高了肥料的利用率，达到增产、增收的目的。

第二节　机械深耕技术

一、概念

作物生长需要一定的耕作深度，农户常年用畜力步犁耕地，犁底不平，耕作深度一般只有12厘米左右，而且不能很好地翻松土壤。用小四轮拖拉机带铧式犁或旋耕机进行浅翻、旋耕作业，土壤耕层只有12~15厘米，致使耕作层与心土层之间形成了一层坚硬、封闭的犁地层，长此以往，熟土层厚度减少，犁底层厚度增加，很难满足作物生长发育对土壤的要求，导致产量受到影响。

另外，长期反复大量施用化肥和农药，微生物消耗土壤有机质，磷酸根离子形成难溶性磷酸盐，破坏了土壤团粒结构，土壤表层逐渐变得紧实。坚硬板结的土层阻碍了耕作层与心土层之间水、肥、气与热量的连通性，严重影响土壤水分下渗和透气性能，作物根系难以深扎，导致耕作层显著变浅，犁底层逐年增厚，耕地日趋板结，理化性状变劣，耕地地力下降，制约了产量的提高。

机械深耕是土壤耕作的重要内容之一，也是农业生产过程中经常采用的增产技术措施，目的是为作物的播种发芽、生长发育提供良好的土壤环境。首先，利用机械深松深翻，可以使耕作层疏松绵软、结构良好、活土层厚、平整肥沃，使固相、液相、气相比例相互协调，适应作物生长发育的要求。其次，可以创造一个良好的发芽种床或菌床。对旱作来说，要求播种部位的土壤比较紧实，以利于提墒，促进种子萌动；而覆盖种子的土层则要求松软，以利于透水透气，促进种子发芽出苗。最后，深耕可以清理田间残茬杂草，掩埋肥料，消灭寄生在土壤和残茬上的病虫害等作用。

深耕包括深翻耕作（即传统的深耕）和深松耕作。

深翻耕作是土壤耕作中最基本也是最重要的耕作措施，它不仅对土壤性质的影响较大，同时作用范围广，持续时间也远比其他各项措施长，而且其他耕作措施如耙地等都是在这一措施基础上进行的。深翻耕作具有翻土、松土、混土、碎土的作用。机械深翻耕作的技术实质是用机械实现翻土、松土和混土。

深松耕作是指超过一般耕作层厚度的松土。机械深松耕作的技术实质是通过大型拖拉机配挂深松机，或配挂带有深松部件的联合整地机等机具，松碎土壤而不翻土、不乱土层。通过深松土，可在保持原土层不乱的情况下，调节土壤三相比例，为作物生长发育创造适宜的土壤环境条件。机械深松整地作业为进行全方位或行间深层土壤耕作的机械化整地技术。这项耕作技术可在不翻土、不打乱原有土层结构的情况下，通过机械达到疏松土壤、打破坚硬的犁地层、改善土壤耕层结构，增加土壤耕层深度，起到蓄水保墒、增加地温、促进土壤熟化、提升耕地地力的作用。同时，还能促进作物根系发育，增强其防倒伏和耐旱能力，为作物高产稳产奠定一定的基础。

二、深翻耕

（一）主要作用

机械深翻耕的技术实质是用机械实现翻土、松土和混土。机械深翻耕的具体作用：

（1）深翻耕使土层深厚疏松，增强了土壤蓄水保墒抗旱能力。

（2）深翻耕后的土壤温度比未深耕的高，昼夜温差减小，地温变化小。适合的土温有利于作物根系的生长和对营养物质的吸收和运输，促进地上部分的快速生长。

（3）深翻耕使耕层土壤疏松，容重降低，孔隙度增加，从而增加土壤通透性，改善了土壤中水、肥、气、热状况，扩大了根系生长范围，为根系下扎创造了有利条件。

（4）深翻耕，一方面将上层土壤翻埋到下层，使熟土层加厚；另一方面把结构已经变好的下层土壤翻至上层，有利于透水透气，这样

上下层隔一定时间后交替更换，维持和不断改善整个耕作层的构造。

（5）深翻耕能提高土壤的有效肥力。深翻耕可将绿肥、作物残茬和施在表土层的有机肥翻埋到下层，为微生物的生存、繁殖和活动创造有利条件，加速土壤熟化的进程，通过土壤微生物的分解、转化，使土壤中不可吸收的矿物质养分及有机养分较快地转化为可被作物吸收利用的养分和形成土壤团粒结构所必需的腐殖质，以充分发挥提高有机肥肥效和改良土壤的作用。

（6）深翻耕是消灭杂草、防止病虫害的有效措施之一，能形成对杂草、病虫极端不利的生存条件，使之无法生存而被消灭，从而减轻其为害。

（二）技术要点

1. 作业条件

把握好土壤适耕性。土壤适耕性以土壤含水量表示，以土壤含水量10%~25%为宜；耕深一般大于20厘米；减少开闭垅，耕后地表平整，实际耕幅与犁耕幅一致；避免漏耕、重耕；立垡、回垡率小于5%；耕深稳定性，植被覆盖率、碎土率应符合设计标准。

2. 作业技术要求

作业质量应达到“深、平、透、直、齐、无、小”七字要求。

（1）深：达到规定深度，深浅一致。

（2）平：地表平坦，犁底平稳。

（3）透：开墒无生埂，翻垡碎土好。

（4）直：开墒要直，耕幅一致，耕得整齐。

（5）齐：犁到头，耕到边，地头、地边整齐。

（6）无：无重耕、漏耕，无斜子、三角，无“桃形”。

（7）小：墒沟小，伏脊小。

3. 实施要点和注意事项

深翻耕的时间应与当地季节和实际情况相吻合，一般应在秋季收获后进行，以便容易接纳雨雪水。耕深应掌握在适宜为度，应随土壤特性、微生物活动、作物根系分布规律及养分状况来确定，一般以打破犁底层为宜。耕翻过深会造成土壤自下而上的提墒能力减弱，影响种子发芽和幼苗生长；有机肥被埋压在深土层，肥效利用晚；生土被翻到地面上，对幼苗生长不利。做好作业前的准备工作；机具必须合理配套、正确安装，正式作业前必须进行试运转和试作业；耕作层浅的土地，要逐年加深耕作层；深翻的同时应配合施用有机肥，以利用培肥地力；休闲地在耕翻后应及时耙耱、镇压；一般3年深耕一次。

4．选择适用机具

深翻作业一般利用58千瓦以上履带式拖拉机或轮式拖拉机配套铧式犁或双向翻转犁进行。常用铧式犁有IL—330悬挂中型三铧犁、ILQ—425轻型悬挂四铧犁、双向翻转犁等。

三、深松耕

（一）主要作用

机械深松耕的技术实质是通过大型拖拉机配挂深松机，或配挂带有深松部件的联合整地机等机具，松碎土壤而不翻土、不乱土层。机械深松耕的具体作用如下：

（1）由于机械深松耕没有翻动土壤，所以对地表的植被覆盖影响不大，可以减少因翻地使土壤裸露造成的扬沙和浮尘天气，在一定程度上减少了环境污染。同时采用该方法可以防止土壤风蚀与水土流失，有利于生态环境的保护。

（2）机械深松耕相对于传统的耕作方式效率更高，单位时间的作业面积可提高20%~30%，因此可以通过降低油耗以及用工成本来减少投入，从而可以提高耕地的效益。

（3）机械深松耕可以改变耕作层以下的土壤结构，使灌溉水及雨水更容易下渗，在更深的层面上形成保水层，可以减少干旱带来的影响，更有利于作物生长和产量形成。

（4）机械深松耕在盐碱地区可起到压盐降碱的作用，由于深松

可以使水层下移，因此盐碱也随之下移，在雨水较多的时期，效果更明显。

（二）技术要点

1．作业条件

（1）耕地基本条件。机械深松耕一般安排在秋播季节，前作（如水稻）收获、秸秆粉碎后进行，然后进行耕整和花生播种等作业。每3~5年深松1次，特殊情况下（土壤板结明显）可以适当增加深松次数。

一般当采用少免耕或旋耕机耕作3年以上，以及浅翻耕4年以上，所形成的耕作层小于20厘米时，容易形成坚硬的犁底层，此时应采取机械深松耕。判定是否形成坚硬的犁底层，应因地制宜，不同的土壤类型在耕作层深度上会略有差别，同时要考虑耕作层质地、土壤墒情等情况。地表秸秆应粉碎，秸秆切碎长度低于8厘米，抛撒均匀，根茬高度低于30厘米。地表应较为平整，无明显高低障碍。除秸秆外，不应有树根、石块等影响深松刀具的杂物，避免在深松过程中破坏机具。

（2）土壤含水条件。在深松耕的季节应先通过经验判断或仪器测定土壤含水量，以确定是否可以进行深松耕。如果土壤含水量稍高，但土质不黏，也可以开展深松耕；如果土壤含水量较高且土壤比较黏重的地块，以及水分较多的沙壤土地块，暂时不能进行深松耕，特别是不宜采用全方位深松耕。如果土壤偏沙性且质地黏重，在土壤含水量较高时不宜进行机械深松耕。当0~20厘米土壤含水量在12%~22%时宜深松。土壤含水量可以通过手抓、脚踩等经验方式判断，也可以取样测定后分析，后者结果更准确。同时，应考虑不同土壤类型、不同耕作层质地等因素对含水量的影响。

2．作业技术要求

深松可分全面深松和局部深松。全面深松是用深松机在工作幅宽上全面耕松土地，局部深松是用杆齿、凿形铲进行间隔的局部松土。深松既可以作为秋季主要耕作措施，也可以用春播前的耕地、休闲地松土、草场更新等，具体形式有全面深松、间隔深松、浅翻深松、灭茬深松、中耕深松、垄作深松、垄沟深松等。深松深度视耕作层的厚度而定，一般中耕深松深度为20~30厘米，深松整地是为25~35厘米，垄作深松为25~30厘米。一般深度为25~35厘米，行与行之间深度误差应控制在2厘米以内。机械深松的深度也要考虑不同的土壤类型和质地等因素。如果是用于渍涝地排水、盐碱地排盐洗碱的地区，可以选择用35~45厘米松土深度，这样有利于表层水下渗，起到排水压碱作用。

3．实施要点

深松间隔一般在40~50厘米，最大不超过60厘米，深松耕作中，距离应保持一致。实际深松耕作过程中应考虑作业田块的具体情况来调整深松间隔。如果作业田块免耕时间较长（在5年以上），板结较为明显，耕作层明显在15厘米以上时，应减小深松间隔，最小可控制在30厘米左右，不过此时可能会明显增加深松耕作的阻力，因此拖拉机的功率也要相应提高。

（1）机器匀速前行，同时保持直线运行。拖拉机在带动深松机具作业时，不能破坏田块表层结构及表层附着物。

（2）深松深度应尽量一致，控制深度稳定性误差不超过20%。该项质量检查可通过剖面深挖，露出深松断面，检查深度情况。

（3）机器来回的深松间隔应均匀，不重复深松，也不产生漏行。该项质量检查可随时通过目测实现，并随时进行纠正。

（4）深松后要及时进行地表旋耕整地处理，平整深松后留下的深松沟。如果深松后地表较为平整，则可省去此工序。

4．选择适用机具

（1）配套动力选择原则。拖拉机动力应与所选作业机具相匹配，同时要满足相应的农艺要求。深松耕所需动力较大，一般应配套90马力（马力为非法定单位，1马力≈735瓦）以上的拖拉机，

并保证机器液压机构灵活可靠，总体性能良好。

（2）机器型号选择原则。目前，常用的深松机有多种类型，根据作业方式分为全方位深松机、间隔深松机（包括凿式深松机和铲式带翼深松机）、振动深松机等，根据土壤类型、耕作要求，选择相应的机型。深松耕作一般要求以100马力以上的拖拉机为动力，配置相应深松机具进行。深松机械有单独的深松机，也可以在复式作业机上，安装深松部件，或中耕机架上安装深松铲进行作业。

通用型深松机由机架和深松工作部件构成。工作部件由铲柄和深松铲组成，深松铲有凿形、箭形和双翼形三种，铲柄有轻型、中型两种。

5．注意事项与机具维护

（1）深松耕进行过程中拖拉机两侧及深松机具上严禁站人，以确保人员安全。

（2）拖拉机及深松机具的维修不能在作业过程中进行，应在拖拉机熄火后才能对机具进行维修。同时，要保证机具落地后才能开始维修和调整。

（3）当深松机具还未提起，不得转弯和倒退，防止损坏深松刀具。

（4）拖拉机转移作业地块时，应将深松机具升起到安全运输状态，防止深松机具碰到田埂或其他地面杂物产生损坏。使用动力要与作业机具配套，以保证足够的动力，达到深松深翻要求；保持耕作层土壤适宜的松紧度和创造合理的耕作层构造为目标，合理采用深松方式方法；“三漏田”不适宜深松。

第三节　旋耕技术

一、作用

水田整地一直采用犁耕、机耙的传统耕作方式，犁耕一遍、机耙好几遍才能达到理想的碎土和平整效果，费工、费时、费水，油耗高，机具磨损大，生产成本高。这种落后的整地方式近几年来正在逐渐地被旋耕技术所取代。旋耕技术，就是利用拖拉机配有旋耕装置，旋耕作业，可一次性完成翻地、耙地作业，降低机械作业成本，减少作业环节，省工、省时、省油，而且旋耕作业碎土能力强，地表平整，耕层透气透水，有利于作物根系发育，增加产量。

二、技术要求

（1）旋耕作业时，选用 2 挡或 3 挡作业，犁刀轴转速选用高挡为宜。必须采用最大轮距，否则防滑轮与旋耕机相碰，无法安装。

（2）耕作时，小型手扶拖拉机的尾轮叉内管伸出外管的长度不得超过 10 厘米，操作者不要坐在座位上，而应站着扶着手扶拖拉机扶手，随时使旋耕刀离地过田埂或过沟，以免尾轮叉内管弯曲。

（3）旋耕深度为 15~20 厘米。

三、注意事项

（1）操作时，勿使杂草在旋耕刀上缠绕过多，否则将增加拖拉机的功率消耗和零件磨损。清除杂草时须关小油门，将离合器手柄放在“离”的位置上，将变速杆和旋耕刀操作手柄放在空挡位置，然后用铁钩将杂草清除。

（2）旋耕作业时发现泥、水进入旋耕机传动箱内，须立即停止耕作，排除故障，更换损坏零件，否则，将使链条过快磨损或折断。

（3）及时检查零部件紧固情况；清除拖拉机和旋耕机各处的泥土、灰尘和油污，并观察有无漏油现象；按润滑表进行润滑；检查并调整三角带的松紧度；检查并调整制动器操作系统，保证安全可靠。

四、旋耕机的选择

根据地块大小选择旋耕机。大中型旋耕机作业效率高，但小地块不够灵活；小型旋耕机灵活，但效率低。目前，旋耕机机型主要有：与50马力以上大型拖拉机配套的1GN—175型、1GN—200型旋耕机，作业效率是6~9亩/小时；与40~50马力中型拖拉机配套的1GN—125型、1GN—150型旋耕机，作业效率是3~5亩/小时；与10~18马力小型拖拉机配套的1GN—100型、DF—12型旋耕机，作业效率是0.8~1.5亩/小时。

第四节　起垄技术

一、起垄种植模式

垄宽80~90厘米，垄高15~20厘米，垄面宽50~60厘米，垄沟宽30厘米，垄上种植2行花生。花生窄行距30~40厘米，宽行距50厘米，穴距15~17厘米。每穴种2粒种子。每公顷播种密度13.2万~15万穴。起垄种植模式具体如图5所示。

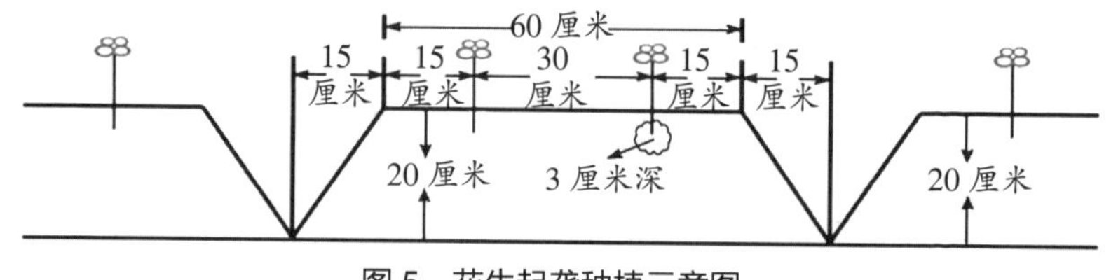

图5　花生起垄种植示意图

二、花生起垄种植增产原理

（1）起垄种植加高加厚了活土层，增强了土壤的蓄水、保肥、防旱、除涝能力，促使花生壮苗早发，促使花生根系下扎，增强了根系吸收水分和养分的能力；促使花生分枝早、分枝多、幼苗健壮，增强植株抗御不良环境条件的能力；促使花生发芽生长发育、发芽增多、开花早、开花量多。

（2）排灌方便，防旱除涝。起垄种植的花生遇旱时顺垄浇水方便、快捷，且不易造成土壤板结；遇涝时田间积水能顺垄沟及时排出，有利于根系生长发育和荚果膨大，减少了沤根、烂根、沤果、烂果。

（3）通风透光，昼夜温差大，植株生长健壮。由于起垄和宽窄行种植，花生生长期间通风透光，白天温度高，光合作用强，夜晚垄间顺沟风力增强，降温快，植株消耗养分减少，积累的干物质增多。

（4）植株生长发育矮壮、敦实，花生主茎、分枝长度分别降低，其主茎高度降低 2~4 厘米。分枝长度降低 3~5 厘米。由于主茎和分枝长度降低，相应缩短了果针与地面的距离，使果针入土快、入土早，花生结果时间提前，花生结果早、结果多。同时，也提高了双仁果数和饱果率，增加了花生产量，改善了花生品质。

三、起垄技巧

机械化收获要求田的两旁有机耕道，有的农田虽有机耕道但被水沟隔离，不便于机械操作。为了不减少播种面积，又便于机械操作，畦的排列格式如图 6 所示，即田两头各起 2~4 畦为竖畦（以 4 畦为最佳）作为机耕道，其他为横畦。机耕道的 4 畦也必须种上花生，只是机械收获时先收获机耕道，从而形成机耕通道，方便机械操作。

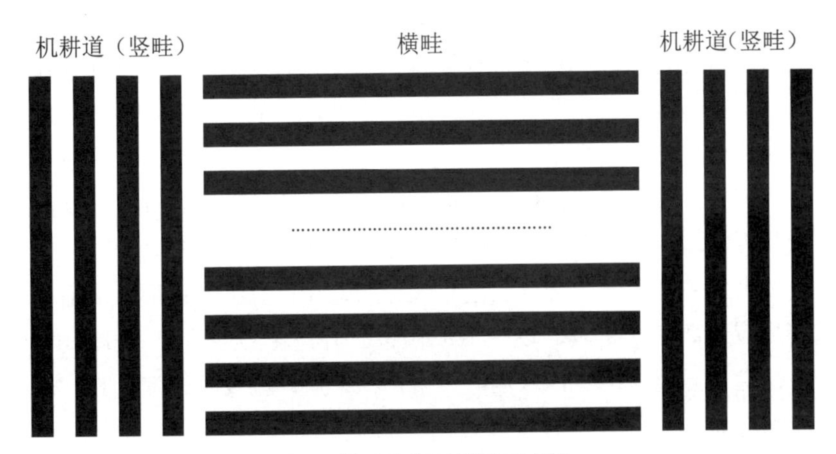

图 6 横畦和竖畦排列示意图

四、起垄机械的类型

（一）人畜力起垄机

人畜力起垄机为小型机具，使用前各转动部分要加注润滑油，以保证机具转动灵活，且在起垄前先对地块进行旋耕或翻耕，打磨平整。起垄施肥过程中，要保证起垄平、直，起垄高低、施肥量大小、施肥深浅应符合农艺要求。防止施肥管堵塞。每天工作结束后应及时清理机具，加注润滑油。

人畜力起垄机主要调整：①起垄高度调整，松开起垄铲固定螺母，抬高起垄铲则高度变浅，反之变深，然后锁定固定螺母。②起垄宽度调整，松开起垄铲横向固定板螺母，左右移动固定板位置调整起垄宽度，然后锁紧固定板螺母。③施肥量调整，排肥量的大小可以根据需要调整，先松开锁紧螺栓，转动调节手轮，改变进入排肥盒内排肥轮的长度，进入得越长，所排出得肥料越多，反之则减少。

（二）机引起垄机

机引起垄机是手扶拖拉机配套的旋耕、起垄一体机，在使用过程中要注意以下几点：一是已经耕翻过的地块或小麦、油菜、未覆膜马铃薯等茬口，可直接进行旋耕，起垄后人工覆膜。二是前茬作物为覆膜玉米、马铃薯等，先捡拾干净地块中的残膜然后进行旋耕整地作业，捡拾干净玉米根茬，再起垄后人工覆膜。三是在旋耕起垄过程中经常查看旋耕机是否被废膜、杂草或其他杂物缠绕，施肥管是否被堵塞，若有则及时停车清除。旋耕深浅、起垄高低、施肥量多少、施肥深浅应符合农艺要求。四是在机具工作过程中，闲杂人员应远离工作机具，以免造成伤害。五是转移地块行走过程中，将行走轮插销固定好。六是每天工作结束后，应及时清理机具，加注润滑油。

机引起垄机主要调整：①起垄高度调整，将挂接好起垄机的拖拉机抬起，松开起垄铲固定螺母，抬高起垄铲则高度变浅，反之变深，然后锁定固定螺母，同时可配合限深轮调整垄高。②起垄宽度调整，将挂接好起垄机的拖拉机抬起，松开起垄铲横向固定板螺母。③施肥量调整，排肥量的大小可以根据需要调整，先松开锁紧螺栓，转动调节手轮，改变进入排肥盒内排肥轮的长度，进入得越长，所排出得肥料越多，反之则减少。

（三）起垄覆膜机

机引起垄覆膜机与四轮拖拉机配套使用，在使用过程中驾驶人员要严格按照农艺要求操作，定期对机具进行维护与保养，确保机具正常使用。

（1）要认真阅读使用说明书，全面掌握和熟悉机引起垄覆膜机的结构特征和技术性能，并能够熟练地操作和使用。

（2）要特别了解机械的配套功率、转速、转动方式以及液压输出接口，正确选择相匹配的拖拉机，与拖拉机的连接应确保机组的纵向和横向稳定性良好，机组的纵向和横向应与地面保持水平状态。

（3）使用前应对机具进行检查调整，检查项目主要有紧固件有无松动、丢失现象，转动机构运转是否灵活，有无卡滞现象，外露部件有无弯曲变形、碰撞损坏现象。

（4）进地作业时，拖拉机进入地头后，缓慢放下机具，将地膜从卷轴上拉出 30~50 厘米长的预留地膜，并用土紧密压实、压平，工作之前应在输土槽内预先装入适量的压膜土，避免拖拉机刚起步而开沟铲未入土时升运装置和输土槽内无土压膜。

（5）拖拉机作业时，要求以 1 挡或 2 挡匀速前进，作业速度一般应控制在 3~4 千米 / 小时，作业中严禁转弯或者倒退行驶，并防止施肥管堵塞。机械作业中要保持起垄覆膜平直、覆膜严密，起垄高度宽度、施肥量、施肥深度应符合全膜覆盖农艺要求。

（6）在地表不平整、土壤含水量变化的情况下，输送带和流土槽可能会出现壅土或者堵塞，此时可由人工采用木棍进行辅助疏导，以确保机组正常作业。

（7）机组完成一个作业期后，要及时清除机具上的泥土及杂草，将机具擦洗干净，涂防锈油，防止机具生锈，并检查各个零部件、紧固件、外构件有无损坏、松动、丢失。

第五章

品种类型与种子准备

第一节 适宜机械化生产的品种

一、花生种类

传统分类法，将花生栽培种分为直生型、蔓生型和半蔓生型 3 种类型；国际通用分类法，将花生分为普通型、龙生型、珍珠豆型和多粒型 4 种类型。

（一）传统分类法

1. 直生型

直生型花生，又称拔豆、珍珠豆或百日豆等。

主要特征：株型直立，株丛紧凑。分枝弱，一般只有第 2 次分枝，极少有第 3 次分枝。主茎长度与第 1 对分枝的长度大致接近。叶片较大，多为浅绿色。花期较短，开花集中，成熟较一致。每个荚果一般含 2 粒籽仁，出仁率约 72%，含油率 50% 左右。种子休眠期短或没有休眠期，收获过迟，易在土壤中发芽，抗逆性较差。春植生育期 120~130 天，秋植生育期 110 天左右，一般亩产 200~300 千克 / 亩，高者可达 400 千克以上。广东省种植的大部分花生品种，如粤油 79、汕油 523、粤油 7 号等以及目前推广的大多数品种均属直生型花生。

2. 蔓生型

蔓生型花生，又称筛豆、耙豆或迟花生等。

主要特征：侧枝匍匐在地面，株丛分散。分枝性强，有 3 次以上分枝，属交替分枝开花类型。第 1 对侧枝比主茎长得多。花期长，结荚分散。种子休眠期较长，成熟时易落果。叶色深绿，叶片较小。抗逆性较强，较抗青枯病和抗旱。荚果出仁率 64%~75%，含油率 46%~75%。全生育期长，多在 150 天以上。一般亩产 100 千克左右，高者可达 250 千克。广东省一些地方花生品种，如番禺的天津豆、粤北的大粒豆、阳春的铺地毯、南雄的大直丝等均属蔓生型花生。

3．半蔓生型

半蔓生型花生的株型、分枝习性和生育期等介于直生型和蔓生型之间。主要性状与蔓生型花生相似。半蔓生型花生在广东省种植面积较少。属半蔓生型的广东地方品种有清远的撮豆、东莞的油核豆、英德的鸡仔豆等。

（二）国际通用分类法

花生国际通用分类法简单分类如表4所示。

表4　花生国际通用分类法简单分类

类型	珍珠豆型	多粒型	普通型	龙生型
开花习性	连续开花		交替开花	
主茎花枝	有		无	
荚果	双仁果	多仁荚果为主	双仁果	多仁荚果为主
茎枝茸毛	不明显	不明显	不明显	密而长
茎枝花青素	不明显	深	不明显	有
生长习性	直立	直立、后期倾斜	直立、蔓生、半蔓生	蔓生

1．普通型

普通型花生主茎上完全是营养枝，除主茎基部营养芽所分化的分枝外，主茎顶部无明显分枝。第1次与第2次侧枝上营养枝与生殖枝交替着生。通常营养枝与生殖枝按2∶2间距交替着生，有的品种虽不明显，但交替着生的规律仍然显而易见。该类型又依生育习性划分为直立（丛生）、蔓生和半蔓生。

普通型花生荚果大部分均有果嘴，无龙骨，荚壳表面平滑，壳较厚，可见明显的网状脉纹，荚壳与种子之间有较大的间隙，为典型的双仁荚果，种子椭圆形，种皮多粉红色、褐色，紫红色很少。生育期长，多为迟熟或中迟熟品种。种子休眠期较长，如春植收获后对种子不进行催芽处理，秋播则发芽有困难。

2. 龙生型

龙生型花生主茎上完全是营养枝，除主茎基部营养芽所分化的分枝外，主茎顶部无明显分枝。该类型品种属交替开花结实型，第1次与第2次侧枝上营养枝与生殖枝交替着生。通常营养枝与生殖枝按2∶2间距交替着生。

该类型几乎都是蔓生，侧枝偃卧地面，主茎明显可见。部分品种的侧枝匍匐性不强，枝梢呈隆起状。分枝多，有第3次分枝，茎枝长而多，比较纤细，茎上略现花青素，植株体遍布茸毛，茸毛长而密。龙生型品种的荚果龙骨和喙均明显，荚果横断面呈扁圆形，脉纹有网纹和直纹两种，脉纹明显，荚壳较薄，有腰，以多仁荚果为主，果柄脆弱，容易落果。种子椭圆形，种皮暗涩。种子休眠性较强，种子发芽对湿度要求较高。多为迟熟或极迟熟品种。由于大多数品种荚果细小，单个荚果成熟所需天数较少，所以成熟度不一致。目前我国已很少种植龙生型品种。

3. 珍珠豆型

珍珠豆型花生主茎上除基部的营养枝外，主茎梢部可能有潜伏的生殖芽，但一般很少形成花枝。第1次侧枝的第1节通常均为营养枝，除少数分枝外，基本上连续着生花枝，茎枝比较粗壮，分枝性稍弱于普通型花生，茎枝有花青素，但不甚明显。根茎部有潜伏花芽，可形成地下花序，地下花可进行闭花受精。叶片椭圆形，叶色较淡，黄绿色，个别品种叶色绿色。荚果茧状或葫芦状，为典型的双仁荚果，果壳薄，有喙或无喙，有腰或无腰，荚果脉纹网状，荚壳与种子之间的间隙较小。种子圆形，种皮以粉红色、白色为主。

珍珠豆型花生耐旱性较强，种子休眠性弱，休眠期短，最短的只有几天，所以成熟期高温高湿易导致田间自然发芽。适宜翻秋种植。

4. 多粒型

多粒型花生主茎上除基部的营养枝外各节均有花枝，节间较短，故生育期后期可见主茎上布满果针。分枝少，一般栽培条件下，只有5~6条第1次分枝，第1次侧枝上很少着生第2次分枝，为典型的连续开花型。茎枝粗壮，分枝长，是典型的直立型花生。由于分枝长，分枝少，生育后期大多自然倾斜，斜卧于地面。

根茎部有潜伏花芽，地下闭花受精的情况很普遍。由于分枝长，节间长，仅基部几节果针可以入土结实，所以结实非常集中。茎枝上有稀疏的长茸毛，花青素显著，生育后期茎枝大多呈红紫色，主茎上更多见无法入土的大量红紫色果针。

叶片基本上是长椭圆形，较其他各类型花生的小叶片大些，黄绿色，叶脉显著。荚果以多粒为主，个别品种双仁荚果亦占有一定比例。果壳厚，果喙不明显，果腰不明显。种子休眠性弱，休眠期短，但较珍珠豆型花生品种稍强些，田间自然发芽的情况很少见。种子发芽对湿度的要求最低，发芽适温为12℃，荚果发育过程中对温度的要求较低，所以该类型品种大多为早熟或极早熟品种。

二、花生品种划分

花生品种繁多，仅有据可查的就有540种，华南地区的花生品种也有将近50品种，近10年来育成的新品种约34个。

（一）早、中、迟熟品种

依生育期长短，可将花生品种划分为早、中、迟熟品种：春植时全生育期少于130天的品种为早熟品种；春植生育期130~160天的品种为中熟品种；春植生育期160天以上的品种为迟熟品种。

（二）大粒种、中粒种和小粒种

现货流通中，一般依种仁的大小将花生分为大粒花生和小粒花生，因此可将花生品种划分为大粒种、中粒种和小粒种。百仁重在80克以上的品种称大粒种，大粒花生以海花、鲁花、花育等北方花生为主；百仁重在50~80克的品种称中粒种；百仁重在50克以下的品种称小粒种，以南方珍珠豆型花生品种为主。

三、全程机械化生产对品种的要求

（一）荚果大小均匀一致

对种子剥壳机来说，如果花生荚果大小不均匀，太大的荚果易受损伤，而影响发芽率，太小的荚果因为压力不够，机械无法剥壳。

（二）种子大小均匀一致

对于花生播种机来说，播种孔虽然可以调节，但是不会随意变动。这就需要花生种子大小均匀一致，否则，大的种子无法播种，造成漏种缺苗现象；小的种子会因为播种孔能容纳多粒种子，造成一穴三粒四粒甚至更多粒种子现象，浪费种子，影响产量。

（三）直立抗倒伏

我国生产的花生收获机适宜于直立型花生品种的收获（珍珠豆型花生品种都是直立型），美国生产的大型收获机适宜于蔓生型花生品种。

（四）结荚集中

花生收获机和摘果机均要求花生结荚集中，否则会造成摘果不干净，造成损失，影响最终产量。

（五）落果率低

如果花生落果率高，机械收获时荚果易落在土中，导致收获率降低。

（六）植株高度适宜

机械收获时适宜收获的植株高度为30~70厘米，过高的植株易绕在机器上，造成机器故障，太矮的植株，收获机收获不上，漏收，降低收获率，造成损失。

（七）抗病性强

花生感染病虫害后，植株生长不正常，花生易落果。

四、全程机械化生产适宜品种

选用直立、收获时植株高度在30~70厘米、结果集中、成熟度一致、果柄抗拉能力强、落果少、增产潜力大、品质优良、综合抗性好的品种。植株过高的品种，要结合施用植物生长调节剂控制植株高度，最适高度为30~50厘米。目前适宜广东、广西、云南、海南、江西及湖南南部地区机械化种植的品种主要有航花2号、粤油45、粤油13、粤油7号等。

（一）航花2号

航花2号是广东省农业科学院作物研究所采用航天技术育成的品种，2012年通过广东省品种审定，2013年通过国家品种审定，适宜广东、广西、福建、海南、云南、湖南和江西南部地区种植。

1．特征特性

株高中等，生势强，株型紧凑，主茎高48.1厘米，分枝长51.7厘米，总分枝数6.9条，有效分枝5.1条，主茎叶数14.8片，收获时主茎青叶数6.7片，叶片大小中等，叶色深绿，抗倒性、耐旱性、耐涝性均较强。高抗叶斑病和锈病，叶斑病2.9级，锈病2.7级。单株果数16.7个，饱果率80.24%，双仁果率74.77%，荚果大，百果重193.2克，千克果数622个，出仁率72.3%。全生育期128天。

2．产量表现

航花2号参加2010—2011年国家南方片区域试验，亩产荚果265.58千克、300.40千克，比对照种汕油523分别增产8.62%和9.86%，达极显著水平。2010—2011年参加广东省区试，亩产荚果261.37千克和278.53千克，比对照种汕油523分别增产6.62%和8.20%，达极显著水平。

（二）粤油45

粤油45是广东省农业科学院作物研究所选育的高产花生品种，丰产性和抗病性较好，于2010年分别通过广东省品种审定和国家品种审定，适宜广东、广西、海南、福建、江西、云南等省（区）花生两熟制地区的水田、旱坡地种植。

1．特征特性

直立珍珠豆型，连续开花，疏枝。株高中等，生势强，株型紧凑。主茎高46.2厘米，分枝长52.1厘米，总分枝数7.6条，有效分枝6.1条。主茎叶数16.1片，收获时主茎青叶数6.7片，叶片大小中等，叶色深绿。单株果数14.3个，饱果率84.0%，双仁果率78.4%，荚果大小中等，百果重186克，千克果数572个，出仁率70.4%。含油率53.26%，蛋白质含量26.12%，油酸含量44.1%，亚油酸含量35.3%，油亚比1.25。全生育期125天。青枯病抗病鉴定为高抗。田间调查叶斑病2.2级、锈病1.9级，属高抗。抗倒性、耐旱性和耐涝性强。

2．产量表现

粤油45在2007年国家（南方区）花生品种区试中，亩产荚果273.53千克，排名第2位，比对照种增产15.54千克，增产6.02%，达极显著水平。2008年复试，亩产荚果291.07千克，比对照种汕油523增产19.10千克，增产7.02%，达极显著水平，产量列参试品种第2位。两年区试平均亩产282.30千克，增产6.54%。在两年共21点次试验中，有18点次增产，占86%。

3．抗性表现

中国农业科学院油料作物研究所对区试品种统一进行青枯病抗性鉴定，2007年和2008年鉴定结果，粤油45均为高抗。

（三）粤油13

粤油13是广东省农业科学院作物研究所选育的品种，于2006年分别通过国家品种审定和广东省品种审定，适宜广东、广西、福建、海南、云南、湖南和江西南部地区种植。

1．特征特性

珍珠豆型。全生育期春植126天、秋植110天。株高中等，直立，生势强。主茎高46.8~52.5厘米，分枝长50.4~54.9厘米，总分枝数7.5~8.2条，有效分枝5.9~6.1条。主茎叶数17.1~18.8片，叶片大小中等，叶色深绿。单株果数13.7~14.5个，饱果率78.5%~84.7%，双仁果率 80.3%~83.9%，百果重 192.9~198.7 克，千克果数 607.6~623.6 个，出仁率 66.0%。含油率 52.4%~53.2%，蛋白质 26.6%。中感青枯病，田间表现中抗叶斑病，高抗锈病。耐旱性、抗倒性和耐涝性均较强。

2．产量表现

2004 年参加广东省区试，亩产荚果 324.08 千克，比对照种汕油 523 增产 11.50%，增产极显著；2005 年复试，亩产荚果 277.97 千克，增产 14.88%，增产极显著。

3．栽培技术要点

不宜在花生连作田种植；每亩播 1.8 万 ~2.0 万苗为宜；注意预防青枯病。

（四）粤油 7 号

粤油 7 号是广东省农业科学院作物研究所选育的品种，于 2004 年分别通过国家品种审定和广东省品种审定，适宜广东、广西、海南、福建、云南、湖南和江西南部地区种植。

1．特征特性

珍珠豆型。春植全生育期 126 天。主茎高 44.4 厘米，分枝长 46.1 厘米，分枝性较好，总分枝数 7.8 条，有效分枝 5.9 条。主茎叶数 18.7 片，收获时主茎青叶数 7.6 片，叶片大小中等，叶色深绿。单株果数 14.1~15.7 个，饱果率 79.6%，双仁果率 82.2%~85.2%，荚果大，百果重 194.8~205 克，千克果数 553.2~584 个，出仁率 68.9%~70.4%，含油率 52.3%。抗倒性、耐旱性和耐涝性强。试验地田间自然发病叶斑病 2 级、锈病 2.1 级，均属高抗级。接种青枯病菌表现为中感。缺点是果壳较厚，出仁率略低。

2．产量表现

2002 年参加广东省区试，亩产 329.23 千克，比对照种汕油 523 增产 45.59 千克，增幅 16.07%，增产极显著，平均每亩籽仁产量 231.78 千克，增产 31.25 千克，增幅 15.58%，增产极显著；2003 年复试，亩产 290.95 千克，比汕油 523 增产 48.99 千克，增

幅20.25%，增产极显著，平均每亩籽仁产量200.46千克，增产29.88千克，增幅17.52%，增产极显著。

2000—2001年参加国家北方片区域试验，亩产荚果295.4千克，比对照鲁花11号增产9.0%。亩产籽仁209.7千克，较对照鲁花11号增产7.7%。2001年生产试验，亩产荚果307.5千克，亩产籽仁218.6千克，分别较对照鲁花11号增产8.3%和8.0%。

3．栽培技术要点

不适宜在花生连作田种植；适时播种，春植在惊蛰前后，秋植在立秋前后播种较为适宜；合理密植，每亩播种1.8万~2.0万苗为宜；施足基肥，适量及时追肥，防止后期徒长；要特别注意防治青枯病。

第二节　种子准备

一、种子干燥

（一）晒种

播种前要带壳晒种1~2天。晒种场地以土质晒场为宜，不要选用水泥或石灰做成的晒场晒种，以免灼伤种子。在晒种过程中，要经常翻种，以使种子不同部位受热均匀。

晒种的作用：

（1）晒种可增强花生种皮的透性，提高种子细胞的渗透压，有利于播种后种子吸水。

（2）晒种可提高种子内部水解酶的活性，提高呼吸强度，有利于物质的转化，促进种子萌芽。

（3）晒种可杀死病源菌和虫卵等，从而减少播种后病虫害发生的危险性。

（二）低温干燥

根据种子质量判定要求，花生种子的水分含量不高于10%，种子发芽率不低于 85%。在气候条件无法干燥的情况下，可采用低温干燥机干燥种子，干燥后其质量可达到所需的要求。用低温干燥机烘干种子不受天气影响、场地制约，可更好地为生产、经营服务。

二、剥壳

（一）剥壳时机

播种前 1~2 天剥壳，最好即剥即播。剥壳过早会使种子吸水受潮，呼吸作用与酶的活性增强，过多地消耗养分，降低种子活力。而且，过早剥壳还可为病菌和害虫侵害种子，或机械伤害种子创造条件。所以，在生产上一般不提倡过早剥壳。

（二）种子脱壳

目前，我国市场上花生剥壳机效率虽然较高，但花生米的破损率和损失率也较高，不能用于花生种子剥壳。花生种子只能用花生种子脱壳机。

花生种子脱壳机，可以一次性完成对花生荚果的剥壳、清选及分级等作业，不仅可降低花生米破损率、提高剥净度，而且可分级筛选出大小不同的花生米，提高花生米的品质。一台花生种子脱壳机一天可剥 2 000 千克花生荚果。

三、种子精选

（一）提纯复壮

常年大面积进行花生生产，最好建立留种田，实行片选、株选、粒选的办法对种子逐年进行提纯复壮，确保优质种子的来源。播种之前再将病粒、弱粒除去。有条件的地方，在播种前还应进行发芽试验，确保生产田使用的种子发芽势在 80% 以上，发芽率达 95% 以上。

（二）种子分级筛选

花生播种要求一穴二粒种，但播种机、花生联合播种机播种时会出现三粒四粒甚至更多粒种子的现象，浪费了种子。主要原因是花生开花不集中，成熟期不一致造成种子大小不一致，播种孔会出现漏种、多粒种子现象。因此，再好的同一批种子，在种子处理时，也要对其进行筛选。用不同的筛子把种子分成三个等级，即大粒的、中粒的，还有极小粒的（小成粒、瘪粒、缺损粒、杂质等）。花生播种机适合用中粒的种子。对于大粒种子，可以采用人工播种，小粒的种子一般不选用。

四、拌种

药剂拌种的主要目的是减轻播种后鼠、雀及地下害虫等对种子的为害。药剂拌种还可抑制花生种子上常附有的青霉属、根霉属、曲霉属和镰刀菌属等病菌的生长，防止播种后烂种或死苗。所以，药剂拌种可保证全苗、齐苗。在新垦地或瘦瘠地初次种植花生，将种子与根瘤菌或钼肥拌种，可使根系早结瘤、多结瘤。

可用相当于种子重量 0.1% 的百菌清或托布津拌种，拌后即播。常用拌种的药剂还有0.3% 多菌灵、0.5% 菲醌、2%~3% 氯丹乳油等。用相当于种子重量 0.2% 的煤油或柴油拌种对地下害虫和鼠、雀有防避作用，但是煤油和药剂拌种会影响根瘤菌的活力，故使用根瘤菌时应将根瘤菌拌到种肥中。此外，已使用种子包衣技术的，可免除药剂拌种这一工序。

五、播种期确定

确定花生的播种期要考虑品种特性、土壤条件、当地气候条件以及耕作制度等问题。一般来说，当气温稳定在 15℃以上，田间土壤含水量达田间最大持水量的 50%~70% 时即可播种。

生产实践证明，广东韶关、梅州北部、惠州北部、肇庆北部等地，春植花生的播期以春分前后为宜，广东中部地区，包括广州、佛山、江门、清远及梅州、肇庆、惠州等市的南部春花生以雨水前后播种为宜。广东省秋植花生，北部地区以大暑前后播种为宜，中部地区以可在立秋前后播种，南部地区以处暑前后播种较适宜。

第六章

播种技术

第一节　概　　述

播种是农业生产过程中的重要一环，机械化的利用是提高播种效率、保证播种质量的重要途径。

播种机械所面对的播种方式、作物种类、品种复杂多变，要求播种机械有较好的适应性和满足不同种植要求的工作性能。花生播种属于精量化穴播，针对花生的机械化播种要注意机具与种植农艺的有效结合与良性互动。花生机械化播种技术分为覆膜播种和不覆膜播种两种形式。花生机械化覆膜播种技术是利用花生覆膜播种机一次完成筑垄、施肥、播种、喷洒除草剂、覆膜、膜上覆土等多个作业环节的技术。不覆膜播种就是机具在作业过程中没有覆膜这道工序。在广大北方地区，考虑到花生播种时气温较低，大都采用花生覆膜播种机作业。

一、花生机械化播种现状

花生的机械化播种经历了由简单农具的使用到现在联合播种作业多个发展阶段，目前可同时实现起垄、播种、覆土作业，有些可实现联合作业。近几年来，随着花生覆膜播种技术的广泛推广，种植规格的一致，为多功能花生覆膜播种机大面积应用提供了良好发展空间。国内不少花生机械生产厂家经过不断的研究与探索，现已开发出适应不同型号拖拉机牵引的花生覆膜播种机，其功能也有了很大改善，不但提高了播种质量，保证了花生播种的精度、密度、深度，达到苗全、齐、匀、壮，还可以一次性实现起垄、整畦、播种、覆膜、打孔、施肥、喷除草剂等人畜力播种机无法一次性达到的诸多功能。

这些多功能花生覆膜播种机现已批量投放市场，提高了我国花生播种机械化水平，有效解决了花生播种环节中的多次作业问题，其效率为人工作业的 20 倍以上，减少了播种过程中的劳动力消耗，提高了劳动生产率。

二、花生机械化播种农艺规范

花生机械化播种要求双粒率在 75% 以上，穴粒合格率在 95% 以上，空穴率不大于 1%。机播时应注意以下几个问题：

（一）播种时间

花生的适宜播期应根据地温、品种特性、自然条件和栽培制度等综合考虑。一般当 5 厘米土层地温稳定在 12~15℃时即可播种。地膜覆盖栽培可提前 10 天左右播种，各地应根据地温的变化规律，以花生适宜发芽的温度确定播种时间。播种时，播种层适宜的土壤水分为田间最大持水量的 70% 左右。

（二）播种密度

机械化播种一般采用一垄双行种植模式，按 80~90 厘米宽起垄，垄顶宽 55~60 厘米，垄高 13 厘米，垄顶整平。每垄种植 2 行花生，每穴 2 粒种子。垄上行距不超过 28 厘米。每亩以 0.9 万 ~1 万穴为宜，土壤肥力好的地密度相应小一些，地力差的密度大些。

（三）播种深度

一般以 5 厘米深为宜。土质黏重、墒情好、地温较低或土壤湿度大的地块，可适当浅播，但最浅不得小于 3 厘米；反之，可适当加深，但不超过 6 厘米。种肥应施于种子侧下方 5 厘米处。

（四）镇压

墒情差或沙性大的土壤，播后要及时镇压。

三、花生播种机械原理

目前，花生播种机械按动力输出可分为人力、畜力、机引三大类，播种机的主要构成有机架、传动装置、种肥箱、排种器、行走装置、开沟器、覆土器、镇压器等。

任何一种花生播种机，其核心是排种器，它是播种机工作质量和工作性能优劣的重要因素。播种机能否满足花生播种技术的要求或满足程度如何，在很大程度上取决于排种器的工作状况。排种器的工艺实质是将花生种子由群体化为个体或连续的单粒种子。技术要求：播种量稳定，排种均匀，不损伤种子，通用性好且使用范围大，调整方便，工作可靠。

精密播种的排种器有水平圆盘式、锥盘式、窝眼轮式、勺轮式、内侧充种式、型孔轮式、气吸式等。

花生播种机普遍采用型孔轮式和气吸式排种器。型孔轮式排种器的种子箱下部密接型孔轮，排种过程分为充种、刮种、护种和排种。工作时，花生种子靠自重充填在窝眼内随型孔轮一道转动，经过刮种器时，窝眼内多余的种子被刮去，留在孔内的种子由弧形的护种板遮盖，当转到下方出口时，种子靠自重落入种沟内，完成播种。

气吸式排种器的工作原理：通过风机吸气，在吸种盘的两面形成压力差，盘上的吸种孔便成为气流通道。种子受吸力的作用被吸附在吸种孔处，吸种盘转动通过刮种器时，吸种盘上多余的种子被刮去，并保证吸种孔吸住一粒种子。当带有种子的吸种孔转到吸气室之外后，种子失去吸附力，靠自重经输种管落入种沟内，以此完成播种。

四、花生播种机械类型

（一）人力手推花生点播机

以人力手推为动力，只完成播种单项作业，结构简单，性能可靠，操作简便，价格低廉，既省种又能减轻农民的劳动强度，适用地块小、坡度大的山区或半山区作业。

（二）畜力花生播种机

以牛、马、驴等畜力为动力，可一次完成开沟、播种、施肥、覆土等作业，适合地块较大、坡度较小的地区家庭使用。

（三）机引花生播种机

以小四轮及小手扶拖拉机为动力，可一次完成开沟、施肥、播种、覆土、覆膜等项作业，具有效率高、作业质量好等特点，适合土地连片的大种植户使用。

1．小型单体花生播种机

由小四轮拖拉机牵引，一般可完成播种、施肥、镇压等工序。形式为垄上交错双行，施肥为侧深施，苗床镇压。种子发芽率要求在95%以上，播种前要清选。一般来说，小型单体花生播种机日作业量能达到约1.5公顷，具有结构简单、操作方便、整机价格低的优点。

2．多功能花生播种机

根据覆膜打孔方式，多功能花生播种机分为花生覆膜播种机和花生膜上打孔播种机两种类型。

（1）花生覆膜播种机，与小四轮配套，一次可完成花生播种、施肥、打药、覆膜等作业程序。种子发芽率要求在95%以上，播种前要清选。整地要求地面平整、表土细碎、无残茬杂物、避免扎膜。形式为大垄双行垄上播种，垄距为90厘米。日作业量3公顷。

（2）花生膜上打孔播种机，其有别于目前市场上其他类型花生覆膜机先播种后覆膜的作业方式，采用鸭嘴式排种器的排种形式，实现先覆膜后打孔播种，避免了人工放苗的作业工序。机具采用三点后悬挂的连接方式，配套动力需8.8~20.8千瓦，适应膜宽为80~95厘米，播种深度为3~5厘米，作业行数为2行，行距为25~50厘米，穴距为17~35厘米。

3．大型花生播种机

与36.75千瓦以上大型拖拉机配套的4行以上的播种机，日工作量可达6公顷。

第二节　大垄双行机械覆膜播种技术

花生大垄双行覆膜播种主要包括如下技术内容：花生大垄双行机械播种、机械施肥、机械喷施除草剂、机械覆膜等。该项技术的机具为花生覆膜播种机，以及与之配套使用的花生收获机。

一、技术原理

目前，常用的花生覆膜播种机是与中小型拖拉机配套的悬挂式花生播种机，集起垄、施肥、播种、喷除草剂、覆盖地膜、膜上压土等功能于一体，所有工序一次完成。播种机前端的起土铲筑起15厘米的小高垄，排种器将种子均匀地播到沟内，施肥铲将种肥施入土中，几个小喷嘴把除草剂随即喷出，压膜辊及时将地膜压平，覆土圆盘压实地膜。

二、技术规范

采用地膜覆盖大垄双行种植技术，比露地生产增产30%~40%，大大地提高了花生的产量。同时，地膜覆盖种植还能提早成熟，其饱果率、出仁率、蛋白质含量和粗脂肪含量等均比露地生产有不同程度的提高。

（1）地膜花生一般比露地花生提前7~10天播种。以5厘米土层地温稳定在12.5℃为适播期。广东本地春植一般在3月初播种，播种时应做到足墒播种，土壤含水量为田间持水量的60%~70%，即“捏土成团，落地散开”为度，若水分不足要浇水造墒。

（2）选择适宜机械化种植的花生优良品种，如航花2号、粤油7号、粤油13等。播种前要晒种。选择晴天剥壳前晒果2天，可使种子干燥，促进后熟，打破休眠，同时具有杀菌作用。晒果后剥壳，剥壳后先剔除秕小、破碎、发霉、变色的种子，再把饱满的种子按大小进行分级，过大或过小的种子应捡出。

（3）药剂拌种一般用 50% 多菌灵可湿性粉剂按种子量的 0.3%~0.5% 拌种，防地下害虫多采用花生种衣剂拌，药种比 1 ∶ 50，或用 50% 辛硫磷乳油 100 克对适量水拌 50 千克种子。

（4）大垄双行，即 90 厘米宽的大垄（包沟），沟深（垄高）15 厘米，畦面宽 55~60 厘米，在畦面上播种两行花生，行距 30~40 厘米，穴距 15~17 厘米。种植密度每亩 10 000 穴左右。

（5）机播要求双粒率在 75% 以上，穴粒合格率在 95% 以上，空穴率不大于 1%。播种深度一般在 5 厘米左右。

（6）提高覆膜质量，及时喷施除草剂。覆膜时做到膜紧贴地面，拉紧、伸平、伸直、覆严，两侧用泥土压实，膜上每隔 2 米左右压一小土块或土堆，防止鼓风翻膜，并及时检查堵压漏洞。未使用含除草剂的药膜时，覆膜前必须施用除草剂。每亩可用 48% 拉索 100~150 毫升或乙草胺 50~75 毫升对水 75 千克均匀喷雾到畦面后立即覆膜。覆膜结束后，再用除草剂喷洒畦沟，防止沟内长杂草。

（7）种肥应施于种子侧下方 5 厘米处。

三、注意事项

（1）播种机与拖拉机连接后，拧紧两个下拉杆上的限位链，防止播种机左右摆动。调整播种深度、种植密度、化肥施用量及除草剂施用量。

（2）播种行距、株距和深度的调整。通过调整开沟铲相对于机架的高度和水平位置可以调整播种行距，更换链轮可以改变传动比（有些机型更换排种轮）调整株距；调整阀门，控制施药量；调整排肥枪的工作长度，控制施肥量。

（3）改变展膜轮的高度和角度可以调整地膜的横向拉紧程度。调整展膜轮与机架夹角（10°）和展膜轮柄下端与机架距离（23 厘米），距离过大，展膜轮对地膜压力大，容易拉破地膜。

（4）改变覆土圆盘的高度和角度可以调整覆土量。覆土圆盘与集土滚筒端面之间夹角30°，夹角越大，膜上覆土越多，影响出苗；夹角小，膜上覆土则少，容易灼伤花生幼苗。覆土圆盘与集土滚筒端面之间距离30毫米左右，距离太大集土不易进入滚筒，太小覆土圆盘容易划破垄两侧地膜，杂草、土块卡住滚筒。覆土圆盘将土掀起，一部分压实地膜，一部分进入滚筒，在地膜上方整齐铺平。这两行碎土叫筑土带，使种子发芽时易钻出地膜，不被灼伤。为了保证筑土带在种子正上方，检查集土滚筒的出土口中心是否与开沟器相对应，调整滚筒拉杆长度，使滚筒与圆盘平行。

第七章
施肥技术

为了跟上国外农业的先进水平，使农业资源得以高效利用，加速我国农业的现代化进程，必须改变施肥技术与施肥机械落后的现状，积极研发先进的施肥技术与高效的施肥机械并推广应用于我国现代农业，从而提高肥料的利用率，减少施肥所造成的农业污染。施肥技术可使肥料按照一定的比例聚集在种子、农作物根系与叶面附近而被高效率吸收。合理的施肥技术可使作物所需营养元素高效吸收，还可减少化肥的不当使用对农业生态环境造成的农业污染，更适应可持续发展的要求。施肥技术分为很多种类，主要是测土配方施肥技术、缓控释肥技术、变量施肥技术。

第一节　花生需肥特点

花生根瘤具有固氮作用，但苗期根瘤没有形成时不能固氮，因此氮素在苗期应供给充足，以促进幼苗生长。磷素可以促进花生成熟，籽粒饱满，提高结荚率、出仁率及含油量，同时还对根瘤的形成和发育有促进作用。钾素的吸收量很大，钾素对茎蔓、果壳及果仁的生长有促进作用。在沙土地或保肥较差的土壤，增施钾肥效果明显。花生是喜钙作物，钙素能加强氮的代谢，有利于根系和根瘤的形成和发育。钼是根瘤固氮过程中不可缺少的元素，能促进蛋白质合成，增加固氮能力。

花生各生长发育阶段需肥量不同。根据有关试验，花生各生育期吸收的氮、磷、钾、钙占全生育期吸收总量的大致比例是：苗期（出苗至始花）占 5%~10%；开花下针期早熟品种占 66%~70%，迟熟品种占 20%~50%；结荚期早熟品种占 12%~23%，迟熟品种占 50%~60%；饱果期植株的根、茎、叶生长缓慢逐渐趋于停顿，根系的吸收功能减弱。花生对氮、磷、钾、钙的吸收与品种类型和地力关系密切。迟熟品种对上述元素的吸收量比中熟品种多，中熟品种又比早熟品种多；在地力低的田块吸收量比中等地力田块多，中等地力田块的吸收量又比高等地力田块多。花生对氮的吸收虽多，但约有一半的氮素来自植株根瘤菌的固氮作用，另一半是从土壤和施入的肥料中吸收而来。所以，氮肥应在前期施用。

第二节　测土配方施肥技术

一、测土配方施肥技术原理

测土配方施肥技术是以土壤测试和肥料田间试验为基础，根据作物需肥规律、土壤供肥性能和肥料效应，提出氮、磷、钾及中、微量元素等肥料的使用数量、施肥时期和使用方法。测土配方施肥技术是由测、配与供 3 个环节顺序构成。

（1）对土壤中的有效养分进行测试，了解土壤养分含量的状况，即测土。

（2）根据种植花生要达到的产量，即目标产量，然后根据这种作物的需肥规律及土壤养分状况，计算出需要的各种肥料及用量，即配方。

（3）把所需的各种肥料进行合理安排，按一定比例作基肥、种肥和追肥，并合理施用，即施肥。

二、施肥量

据研究，每生产 100 千克花生干荚果需要从土壤中吸收纯氮 5.0~7.0 千克、氧化钾 3.0~4.0 千克、氧化钙 2.5~3.0 千克、五氧化二磷 1.0~1.5 千克。氮、磷、钾的施用比例可按 1 ∶ 0.5 ∶（1~1.5）施用。土壤营养成分等级划分及施肥量如表 5 所示。

表5　土壤营养成分等级划分及施肥量

划分等级	碱解氮 /（毫克·千克 $^{-1}$）	速效磷 /（毫克·千克 $^{-1}$）	有效钾 /（毫克·千克 $^{-1}$）	目标产量 /（千克·亩 $^{-1}$）	N、P、K 三元素复合肥施用量（15-15-15）	农家肥 /（千克·亩 $^{-1}$）
低	＜ 70	＜ 15	＜ 80	300~400	60	3 000
中	70~90	15~25	80~120	300~400	55	2 000
高	90~120	25~40	120~180	300~400	50	1 500
极高	＞ 120	＞ 40	＞ 180	300~400	45	1 000

三、基肥

根据花生的需肥规律、土壤的供肥性能、目标产量，选择适宜的施肥量和施肥方法，确定花生施肥总量，既能增产，又不造成肥料浪费。初步确定施肥总量后，可根据施足基肥，适期追施苗肥，花针期追施钾肥、钙肥，结荚期适施壮果肥的原则施肥。施肥要以有机肥为主，无机肥为辅，氮、磷、钾、钙肥相结合。一般可将施肥总量的 70%~80% 用来作为基肥或种肥使用，余下的 20%~30% 作追肥用。花生施肥非常重要，一般播种前结合耕翻整地每亩施农家肥 2 000~3 000 千克，氮肥 20% 作基肥，80% 作追肥；磷钾肥全部作基肥；微肥可以结合施基肥一起施入，缺锌土壤亩施 12 千克锌肥；缺硼的土壤每亩施硼砂 0.25~0.5 千克。肥料充足时，基肥可全层或分层施用。即在最后一次耙田时，把七八成基肥均匀撒下，再翻耖土壤，耙平后起畦，剩余的肥料在播种时作盖种用。基肥全层施用可减少种子直接接触肥料的机会，避免伤害种子，且肥料分布均匀，可节省劳力。基肥少时，可将肥料作盖种肥施用，即开穴或开行，播种后将基肥全部作盖种用，然后覆土。作盖种用的肥料，若肥分浓，或堆沤时间短，在播种后对行或穴要先覆盖薄土，然后盖种，以免肥料伤害种子。

四、常规施肥

花生栽培过程中要求施好苗肥、花针肥、结荚肥和饱果肥 4 次肥料。

（一）苗肥

苗肥要在齐苗后主茎长出 3~4 片叶时施用。施肥种类以氮肥为主。水田花生可亩施尿素 4~5 千克，旱地花生可亩施复合肥 7.5~10 千克。基肥充足田块也可推迟到主茎长出 6~7 片叶时施用。对于肥力较差的旱坡地，苗肥施用可早些、重些。

（二）花针肥

花针期根瘤固氮能力强，可不施氮肥，以免引起植株徒长。可撒施草木灰 15~20 千克、石灰 30~35 千克，以防植株感染病害，并抑制徒长。

（三）结荚肥

对瘦瘠的旱坡地花生可在主茎长出 15~16 片叶时补施尿素 4~5 千克 / 亩，其他田块一般可不追肥。

（四）饱果肥

收获前后一个半月左右，花生植株的根、叶代谢机能下降，但对营养的需求量大。此时，可根据植株生长情况，进行根外施肥。每亩可用过磷酸钙 1.5 千克，浸水 1 昼夜，取上清液，加尿素 0.5 千克、氯化钾 0.15 千克，配水 60~70 千克，于黄昏时喷施，每隔 7~10 天喷 1 次，或喷施 0.2% 的硼砂溶液，连续喷 2~3 次。

五、追肥

（一）根际施肥

将肥料撒施或穴施于植株的根际部位，然后覆土，以防肥料流失或挥发。

（二）结荚区域施肥

将肥料，特别是钙肥（如石灰）施于植株的结荚区域，让果针

直接吸收肥料。

（三）根外施肥

花生根外施肥多在结荚期和饱果期施用，液态肥料从叶片渗入，进入植株体内。常用于花生根外施肥的肥料种类和使用浓度主要有：硫酸铵或尿素溶液，浓度 0.5%~1.0%；过磷酸钙浸提液，浓度 1.0%~2.0%；氯化钾溶液，浓度 0.5%~1.0%。植株生长的任何时期均可用根外施肥的方法施用。此外，花生在苗期、始花期、花针期还可根外喷施钼酸铵 0.05%~0.01%、硼酸 0.01%~0.05% 或稀土溶液 0.01%~0.05%。

第三节　缓控释肥技术

一、缓控释肥的概念

缓控释肥是结合现代植物营养与施肥理论和控制释放高新技术，并考虑作物营养需求规律，采取某种调控机制技术延缓或控制肥料在土壤中的释放期与释放量，使其养分释放模式与作物养分吸收相协调或同步的新型肥料。

据有关资料表明，我国化肥当季利用率：氮 30%~35%、磷 10%~20%、钾 35%~50%，而国外氮肥利用率则为 50%~55%，与发达国家相比，低十几个百分点。肥料利用率的低下，除了肥料施用不合理造成资源浪费、降低了农业生产的经济效益、带来了严重的环境问题之外，传统速效性化肥自身也有不可克服的缺陷。农业生产技术的改进和产量的提高，对肥料的性质也提出了更高的要求，开发和研究缓控释肥料，做到在作物的生育期间，能缓慢地释放养分，使养分释放时间和释放量与作物的需肥规律相符合，最大限度地减少肥料损失，提高肥料利用率，是当前肥料的发展方向之一，也是世界上肥料的生产技术与施用技术紧密结合的前沿技术。

二、缓控释肥的分类

根据不同的参考和标准，缓控释肥的分类也有所不同。按照生产工艺和肥料性质，缓控释肥可分为4类：包膜型（硫包膜、石蜡包膜、聚合物包膜等），合成微溶态型（脲甲醛、草酰胺等），化学抑制型（添加脲酶和硝化抑制剂），以及基质复合与胶黏型（添加风化煤、磷矿粉）。根据释放控制方式将缓控释肥划分为4类：扩散型、侵蚀或化学反应型、膨胀型和渗透型。

三、缓控释肥的增产原理

（一）促进植物生长，提高作物产量

缓控释肥对植物生长发育具有明显促进作用，主要表现在增加植物体内叶绿素含量、植株叶片数和叶面积以及植物生物量。

（二）提高肥料利用率

我国普通化肥当季利用率比较低，而缓控释肥的养分释放缓慢，有效期长，能够在作物整个生长季节，甚至几个生长季节慢慢释放出养分，从而提高肥料利用率，减少肥料用量。

（三）保护生态环境

缓控释肥可抑制土壤NH_4^+向NO_3^-氧化，减少土壤NO_3^-的积累，从而减少氮肥以NO_3^-形式淋溶损失，减少施肥对环境的污染。有关膜残留对环境的影响，到目前为止，还没有发现聚乙烯类地膜在化学上对土壤和作物产生任何有害影响；树脂包衣肥料的使用不会对环境造成污染。包膜控释肥的膜材料具有土壤改良剂和控制养分释放的双重效果。

四、缓控释肥的施用技术规范

（一）缓控释肥的施肥原则

1．与测土配方施肥技术相结合

测土配方施肥是一项先进的科学技术，广泛用于各种农作物的

生产，具有增产增效和节本的作用。缓控释肥成本较高，通过与测土配方施肥技术相结合，可以有效利用土壤养分资源，减少缓控释肥的用量，提高其利用效率，降低农业生产成本，同时降低施肥对环境的污染。

2．与普通复合肥掺混施用相结合

普通复合肥目前仍是农作物生产用肥的主体，虽然有效期短，但释放迅速，能及时给作物提供养分。缓控释肥与普通复合肥混合施用，可以起到以速补缓、缓速相济的作用。

3．与花生专用肥相结合

花生专用肥是测土配方施肥的最佳物化成果，具有养分含量高（总养分含量多在 50% 以上），配方合理并易于调整，物理性状好等诸多优点。在此基础上，对花生专用肥进行包膜处理，将专用肥加工成缓控释专用肥，增强了专用肥的应用功能，拓展了缓控释肥的应用领域，是新型肥料研制与应用的创新之举。

（二）缓控释肥的施用技术

1．根据作物生育期的长短，选用不同释放期的缓控释肥

早熟品种生育期 90~100 天，选用 3 个月控释期；迟熟品种生育期 120~130 天，选用 4 个月控释期，如花生品种航花 2 号、粤油 7 号、粤油 13 和粤油 45，春植生育期 120 天左右，选用 4 个月控释期；秋植生育期 100~110 天，选用 3 个月控释期。

2．肥料配方

肥料中氮、磷、钾养分配比与测土配方施肥相结合，按土壤养分选用。一般花生氮、磷、钾的施用比例可按 2 ∶ 1 ∶ 2.5 施用。

3．缓控释肥与化肥相结合

一般以缓控释肥做底肥，一次施用，按总施肥量的 70%；以普通复合肥做追肥，按总施肥量的 30% 施用。

4．注意事项

（1）现用现拌，如果混拌后长时间不用，肥料会变黏，虽不影

响肥效，但会给施肥带来不便。

（2）种肥缓控释肥一次投入，施肥量大，盐离子浓度高，易造成烧种烧苗。施肥时必须做到种、肥隔离，一般肥距种侧 5~6 厘米为宜。

（3）漏水、漏肥地块，如沙土、坡地，一般不提倡一次性施用缓控释肥。

第四节　微肥施用技术

花生生产施用的微肥主要有硼和钼两种。据有关试验分析，当土壤有效硼含量低于 0.000 05%、有效钼含量低于 0.000 015% 时，施用硼、钼有良好的增产效果。可将 0.25 千克的硼砂混入有机肥作基肥施用，或在开花期用 0.1 千克硼砂加水 50~60 千克喷施，或每亩用 5 克钼酸铵加入到根瘤菌中，进行拌种，或在盛花期用 15 克钼酸铵配水 50~60 千克喷施，或在花生收获前 40~50 天进行根外施肥时，加入 10 克钼酸铵喷施，有养根保叶的效果。中微量元素临界指标及施肥量如表 6 所示。

表 6　中微量元素临界指标及施肥量

元素	提取方法	临界指标 /（毫克·千克 $^{-1}$）	肥料名称	基肥用量 /（毫克·千克 $^{-1}$）
镁	醋酸铵	50~60	Mg	15~25
锌	DTPA	0.5~1.0	硫酸锌	1~2
硼	沸水	0.3~0.5	硼砂	0.5~0.75
钼	草酸一草酸铵	0.10~0.15	钼酸铵	0.025~0.062

第五节　施肥机械及设备

一、施肥

（一）犁底施肥

在耕地时用施肥整地机械（如深翻耕作、深松耕作机械）或在犁上安装肥箱及排肥等施肥装置，在翻地的同时以强制形式将化肥连续均匀施入到土层中的方法。使用这种机械深施肥料的过程叫作犁底施肥。犁底施肥可用犁底施肥机完成。

（二）土表施肥

用施肥机将混合均匀的肥料均匀地施在土层表面，然后结合旋耕将肥料均匀施于土中。或者在耕地时在旋耕机上安装肥箱及排肥等施肥装置，按农艺要求深度一次性施入土壤表层中，以提供作物不同时期的养分，满足生长发育阶段的营养需要。对酸性壤土，可撒施适量石灰。

（三）播种施肥

花生覆膜播种机与小四轮拖拉机配套使用，一次可完成镇压、筑垄、播种、施肥、覆土、喷药、覆膜和膜上筑土带等多道农艺技术工序。在完成机械播种、机械施肥和机械喷施除草剂作业后随即进行机械覆膜。长效肥料一次性深施打破了传统的耕作程序，同时结合化学除草剂封闭，减少了人工间苗和人工除草环节，减少了过多的劳动力投入，提高了肥料的利用率，达到增产增收的目的。

二、追肥

（一）根际追肥

主要运用追肥机、中耕施肥机等机械在农作物各生长期（主要环节）进行化肥追施。目前国内研制并生产的中耕施肥机械有十几种产品，有全面中耕机、行间中耕机、通用中耕机、旋转式中耕机等。通用中耕机由机架、行走轮、操向机构、起落机构及锄铲组等组成。工作部件包括单翼铲、双翼铲和凿形松土铲3种。锄铲组铰接在机架横梁上，故可适应地形。全面中耕时，工作幅宽可达4.5米，耕作深度可在6~16厘米范围内调节。进行行间中耕时，行距可调整为45厘米、60厘米、65厘米、70厘米，并可调整为51厘米、15厘米不等行距进行作物行间中耕，又可按41厘米的铲苗段及24厘米的留苗段进行间苗作业。

技术要点：施肥量应满足作物各生长期养分需求；施肥深度6~8厘米；施肥部位一般于作物根系侧下方，尽量避免伤及作物根系；肥带宽度3~5厘米，排肥均匀连续，无断条漏施。

（二）根外施肥

根外施肥可以补充植物后期由于土壤中吸收养分不足而带来的养分亏缺，保证作物的增产；可以在植物根系受到严重影响时，及时弥补作物所遭受到的损失，如磷、锌、硼、铁等易被上壤固定而使植物难以利用的养分通过叶面施用可以为植物较快吸收，发挥更好的增产效果；可以在作物不同生长阶段、不同种植密度和高度下进行，有利于集约农业的大规模机械化施肥操作。常用喷雾器有电动喷雾器、自走式喷雾一体机、船式喷灌机、手推式喷雾机、车载式喷雾机等。

第八章
灌 溉 技 术

第一节 花生需水特点及管理要求

一、花生需水特点

花生全生育期耗水总量依栽培环境和栽培品种不同而异。一般来说，我国北方花生产区单位面积耗水多，南方产区耗水少；迟熟品种耗水多，早熟品种耗水少。例如，北方产区种植的普通型花生品种每产100千克荚果需耗水116米^3；南方产区种植的珍珠豆型花生品种，每产100千克荚果仅需耗水60~85米^3。

花生一生需水的临界期为盛花期。盛花期水分供应不足会使植株产生大量空荚，严重时会令果针不能入土。花生耗水最多的时期是结荚初期。据调查，我国南方产区种植的珍珠豆型花生品种，植株不同生育期耗水占全生育期耗水总量的比例是：播种至出苗时段占3.2%~6.5%，齐苗至开花占16.3%~19.5%，开花至结荚占52.1%~61.4%，结荚至成熟占14.4%~25.1%。

花生较耐旱，但怕田间渍水。土壤水分过多会影响根系和根瘤菌的生长，导致植株“发水黄”，开花少，荚果发育差，甚至出现烂根、烂针、烂果、荚果发芽等不良现象。

二、水分管理

花生全生育期水分管理技术可以概括为“燥苗、湿花、润荚”六字调控原则，即花生苗期可生长在一个较为干燥的土壤环境，开花期保证有一个湿润的环境，而在结荚期，又需要有一个较为干爽的土壤环境。各生育期的田间土壤最大持水量应控制在以下范围：苗期应控制在50%左右，花针期控制在70%左右，结荚期控制在60%左右，饱果期控制在50%左右。当下针结荚期土壤含水量低于田间最大持水量的40%时，要给予灌溉，高于80%时，要及时排水去渍，以免烂根死苗。

第二节　灌 溉 技 术

一、漫灌技术

（一）选适宜时段灌水

夏季宜在早上或傍晚灌水，不宜在阳光猛烈的中午灌水，以免土温变化过大，引起伤根、烂针、烂荚。

（二）要速灌速排

常将水分灌至畦高2/3或4/5处，让水从畦两侧向中心部位渗入，至畦中心土面尚未全部渗湿时，即可将水排走，以免土壤下沉、板结，妨碍根系生长。

二、滴灌技术

（一）滴灌技术的概念

滴灌技术是将有压水通过滴水器，以水滴状态灌溉作物的技术，是目前干旱缺水地区最有效的一种节水灌溉方式，水的利用率可达95%，具有节水、节肥、省工等特点。随着花生产业的不断发展，花生种植规模的不断扩大，很多企业种植花生的规模越来越大，水肥管理成为种植花生能否很好经营的最重要因素之一，此时自动化滴灌技术的引入，对花生种植起到很大作用。

（二）滴灌系统主要设备

滴灌系统是指根据作物生长情况和地理条件设计总需水量，将总水量经过多级输水管和滴灌带均匀分配到田间。

现代滴灌系统主要包括两部分，分别是泵房部分和田间部分，泵房部分由水源工程和首部枢纽组成，田间部分由各级输配水管道、滴头、自动化设备等组成。

1. 动力及加压设备

主要包括水泵、电动机或柴油机及其他动力机械，除自压系统外，这些设备是滴灌系统的动力和流量源。

2. 水质净化设备或设施

有过滤池、初级拦污栅、叠片过滤器、筛网过滤器和沙石过滤器等，可根据水源水质条件，选用一种组合。

3. 滴水器

水由毛管流进滴水器，滴水器将灌溉水流在一定的工作压力下注入土壤，它是滴灌系统的核心，现今用得比较多的是压力补偿滴头。

4. 化肥及农药注入装置和容器

包括压差式施肥器、文丘里注入器、隔膜式或活塞式注入泵，化肥或农药溶液储存罐等。

5. 控制、量测设备

包括水表和压力表，各种手动、机械操作或电动操作的闸阀，如水力自动控制阀、流量调节器等。

6. 安全保护设备

如减压阀、进排气阀、逆止阀、排水阀等。

（三）花生滴灌技术

1. 苗期管理

滴水足墒播种地块，在苗期一般不滴水，否则，每亩滴水15米^{3}左右，以播种孔浸湿为宜，水分能满足种子萌动的需要即可。种子萌动需要吸收本身重量40%的水分，不宜过多，若土壤含水量为田间最大持水量的80%，易导致烂种。

根据幼苗长势在开花前后，每亩滴施花生滴灌肥5千克。

苗期病虫害主要防治对象是根腐病、茎腐病、蝼蛄、蛴螬、地老虎等。病害可用恶霉灵、适乐时等药剂滴灌，地下害虫也可在滴水中加入杀虫剂，可起到事半功倍的效果。

2．开花结荚期

开花结荚期是茎、叶、荚生长最快的时期，此期需水量占整个生育期的50%~60%，也是花生对水分的敏感期，特别在花针期和结荚后期缺水对产量影响很大，此阶段土壤湿度以保持田间最大持水量的60%~70%为宜。要滴水保墒，一般10~13天滴水1次，每次每亩滴水15~20米^3，以浸湿根际为佳。

滴肥一般在下针期每亩追施花生滴灌肥20千克，结荚期分2次每亩追施花生滴灌肥30千克。

3．饱果成熟期管理

此期花生对肥水的需求量下降，管理要求以尽量延长叶、根的功能为目的，实现提高荚果的饱满度为目标，做到轻肥供给，不缺水。此期土壤湿度以田间最大持水量的50%~60%为宜，若大于70%，不利于荚果发育，会霉烂变质。滴水一般滴水1~2次，每亩滴水15米^{3}左右。

三、喷灌技术

（一）喷灌技术的概念

喷灌是把由水泵加压或自然落差形成的有压水通过压力管道送到田间，再经喷头喷射到空中，形成细小水滴，均匀地洒落在农田，达到灌溉的目的，是一种具有节水、增产、节地、省工等优点的高效灌溉技术。

（二）喷灌技术主要设备

国际上普遍采用的喷灌设备主要有中心支轴式喷灌机、平移式喷灌机、卷盘式喷灌机、固定式管道喷灌机、移动管道喷灌机和移动式轻小型喷灌机组等6种形式。发达国家如美国及欧洲等国家多采用中心支轴式和平移式喷灌机，一般发展中国家如亚洲和非洲等国家由于受经济条件的限制发展喷灌设备以移动管道式和移动轻小型喷灌机组为主。

1．轻小型喷灌机

轻小型喷灌机的典型配套形式为单机（动力机）单泵（水泵）单头（喷头），配套动力为3千瓦、4.4千瓦和8.8千瓦柴油机或电动机，输水管道为涂塑软管。该喷灌机的主要优点是单位灌溉面积投资低，移动比较方便；主要缺点是工作压力偏高，能耗高，灌水均匀度不容易掌握。

2．人工拆移管道式喷灌系统

该喷灌系统在欧洲应用较多，我国的这项技术就是从欧洲引进的。在实际使用中，国内的生产厂和用户似乎进入了一个误区。国际上，一般将管网埋设在地下的系统称为永久式系统，而将管网在一个灌溉季节里铺设在田间地表不动的系统称为固定式系统。在欧洲，该喷灌系统都采用固定铺设（有的将主管道埋设在地下），即在作物播种后将系统（包括所有支管）铺设在地表，收获前才将其收回。在国内，人们习惯上将该系统分为半固定式和全移动式。半固定式是指主管道埋设在地下，只配备少量支管，并在一个灌溉季节里轮番移动；而全移动式是指所有管道和设备都需在一个灌溉季节里轮番移动。采取这种作业方式，目的是降低投资，但带来的问题是转移困难，农民不愿意使用。

3．绞盘式喷灌机

该喷灌机分软管牵引式和钢索牵引式两大类。目前国内外大量采用的是软管牵引式，也称卷管式绞盘喷灌机。该喷灌机于20世纪70年代初问世，在欧洲各国应用较多，澳大利亚、新西兰、美国等也少量应用。该喷灌机的主要优点是单位灌溉面积投资低，转移方便；缺点是大都配备高压喷头，能耗较高，灌溉水的漂移损失大，并且作业时需要机行道，占用耕地较多。为降低能耗，最近几年国外研制出配备低压喷头的桁架式喷头车，但转移比较麻烦。

4．滚移式喷灌机

该喷灌机是一种介于人工拆移管道式喷灌系统和自走式喷灌机

之间的半机械化机组，其田间作业方式与半固定人工拆移管道式喷灌系统非常相似，主要区别是该机组的转移方式为整体机动滚移。该喷灌机的优点是单位灌溉面积投资低，移动比较方便。

5. 拖拉机悬挂式喷灌机

该喷灌机是利用拖拉机的输出轴功率通过增速装置驱动一台大流量高扬程水泵并配备一只远射程喷头。该机可像双悬臂式喷灌机那样行喷作业，也可像滚移式喷灌机那样定喷作业。该喷灌机的主要优点是单位灌溉面积投资低，转移非常方便。主要缺点是喷头工作压力高，能耗较高，灌溉水的漂移损失大，作业时需要沿渠道行走占用耕地较多。

6. 双悬臂式喷灌机

该喷灌机是在拖拉机的两侧各伸出一条输水支管，支管上安装低压喷头并用悬索或桁架支撑。作业时拖拉机一边沿渠道行走一边通过水泵从渠中取水喷幅可达 120 米。该喷灌机的主要缺点是耗用钢材多，造价高，目前在世界上已很少使用。

四、微喷灌技术

（一）微喷灌的概念及作用

微喷灌是介于喷灌与滴灌之间的一种灌水方式，它以低压小流量喷洒出流的方式，将灌溉水供应到作物根区土壤的一种灌溉方式。

软管微喷灌中输水管道和微喷带均使用可压成片状盘卷的薄壁塑料软管制成，是目前国内微灌产品价格最低的一种，每亩投资仅 400 元左右。

软管微喷灌的微喷带是铺在作物根系地表面的塑料薄膜下，每次灌水都均匀分布在根系土层内，而无大量积水乱流现象，不仅减少了水资源的浪费，而且还减少了水分的蒸发，节水率达50%左右。

应用软管微喷灌技术，底肥追肥集中，水在土壤中渗透缓慢，避免了养分流失，同时随水追肥，有利于作物均匀吸收养分和水分，

进而提高了肥效利用率。

应用软管微喷灌技术，给水时间长，速度慢，使土壤疏松、容重小、土壤孔隙适中，减轻了土壤的酸化和盐化程度，为作物正常生长创造了良好的土壤环境，作物长势均衡，一致性好。与畦灌相比，地温可提高 3~6℃、气温提高 1~3℃，有效地促进了作物的生长发育和产量的提高。

应用软管微喷灌技术给水缓慢均匀。加上地膜覆盖土壤内水分蒸发系数极小，空气相对湿度比不应用的降低 23% 以上，叶面保持干燥时间长，有效地减少了各种病原菌的侵染，防止了各种病害的发生。

（二）软管微喷灌技术在花生栽培上的应用效果

软管微喷灌在节水 50% 的前提下，从花生生育进程调查情况来看，膜下软管微喷灌较对照进入幼苗期晚 1 天，进入开花下针期早 3 天，进入结荚期早 9 天，进入饱果成熟期早 17 天，从而说明试验较对照有提高地温、促苗早发、加快生育进程的作用；从产量性状调查情况看，膜下软管微喷灌在单株结荚数、百果重、百粒重、出仁率、产量等方面均高于对照，产量增加 9.42%；从抗逆性调查情况看，膜下软管微喷灌在抗旱性、抗涝性、抗叶斑病等方面优于对照，在抗线虫病方面与对照相近。综合各方面表现来看，膜下软管微喷灌技术具有较高的经济效益、社会效益和生态效益，非常适合在半干旱地区花生生产上推广应用。

（三）软管微喷灌技术主要设备

主要由输水管、微喷带、专用接头、吸肥器、过滤网、三通和堵头等部件组成，需与地膜覆盖技术相结合。

（四）花生软管微喷灌技术规范

1. 安装程序

首先安装主管，在水源与输水管的接口处安装过滤网防止水中杂质的进入，然后铺设输水管并在前部与吸肥器连接，做到水肥并施，顺畦延伸。其次布置微喷带，微孔向上，根据微喷带的位置用剪刀将输出水管剪出相应的接头安装孔，利用接头将微喷带与输水管连接，尾端封闭，然后整理水管拉直，再覆上地膜，并将输水管尾部封死，另一头与水源连接即可使用。

2. 注意事项

（1）定期对节水灌溉设备进行检修和养护，发现损坏及时更换。保持各部件清洁，特别对过滤器要经常检查并进行清洗，防止微喷孔堵塞，影响使用效果。

（2）施肥用药时要将肥料与农药充分地溶解，并滤去杂质，以保持微喷灌系统正常地运转，最好在出肥口安装纱网过滤，防止阻塞，以发挥良好的功效。

（3）打开阀门前要先拉直各软管，然后打开阀门灌满管后检查各软管孔是否堵塞，如堵塞用手捏一下，使其通畅，提高浇灌效率。

（4）一定要按作物种类、生育期的需水量控制供水量，避免灌水量过大，起不到应有的效果。

（5）花生根群主要分布在 0~30 厘米的土层内，所以喷灌的湿润深度以 40~50 厘米为宜。

（6）喷灌时间、次数和喷灌量。

播种期：足墒播种地块，在苗期一般不喷水，否则，喷灌的湿润深度以 40~50 厘米为宜，水分能满足种子萌动的需要即可。种子萌动需要吸收本身重量 40% 的水分，不宜过多，若土壤含水量为田间最大持水量的 80%，易导致烂种。

花针期：花针期是花生生长期中需水最多的时期，由于采用节水喷灌技术，灌水的定额由原来漫灌的 400 米^3/ 亩减到 200 米^3/ 亩。

结荚中后期：结荚中后期喷灌 2~3 次，每次喷水量 20 米^3/ 亩，每隔 10 天喷 1 次。

第九章
杂草安全防除技术

杂草可使花生严重减产。据山东省花生研究所调查结果，花生田每平方米有杂草 5 株，花生减产 13.89%，有杂草 10 株可使花生减产 34.16%，有杂草 20 株可使花生减产 48.31%。人工锄草可除去杂草，但花工耗时，且容易伤害花生幼苗。花生田化学除草具有不伤花生植株根系和茎叶，因而避免植株感染病害，且有省工、省时等作用。

第一节　杂草类型与分布

花生田杂草有 60 多种，分属约 24 科，其中发生量较大、危害较重的主要有马唐、狗尾草、稗草、牛筋草、狗牙根、画眉草、白茅、龙爪茅、虎尾草、青葙、反枝苋、凹头苋、灰绿藜、马齿苋、蒺藜、苍耳、刺儿菜、香附子、碎米莎草、龙葵、问荆和苘麻等。不同地区、不同耕作栽培条件下，花生田杂草的分布有所不同。春播与夏播相比，夏播花生田杂草密度大于春播花生田。前茬不同，花生田杂草的发生与分布也各异。如玉米茬，马唐、苋、莎草、铁苋菜、狗尾草等较甘薯茬密度大，而牛筋草、马齿苋则比甘薯茬密度小。不同的播种方式对花生田杂草的发生与分布也有一定的影响。

旱地杂草种类多，不同杂草生长习性有差异，而且杂草的萌芽期较长，可以延至花生封行期。

第二节　杂草防除技术

在广东省，花生田的杂草主要有马唐、牛筋草、狗尾草、白茅、马齿苋、反枝苋、凹头苋、稗草、异型莎草等多种类型，但杂草的发生仍有规律可循。根据有关方面调查，春植花生田的杂草有两个出草高峰期：第 1 个出草高峰期在花生播种后 10~15 天，出草量占全田杂草发生量的50%以上。第2个出草高峰期在播种后35~50天，占出草量的30%左右。夏播花生田的马唐、狗尾草等杂草的出草盛期在播种后5~25天，出草量占总量的70%以上。因此，花生田杂草可通过农艺措施和化学防除综合防治。

一、农艺措施防除

（1）改春耕地为冬耕地。冬耕比春耕杂草减少24.5%。

（2）深耕。将杂草翻入土中，可有效抑制杂草种子的萌发，减少杂草发生量。

（3）轮作换茬。水旱轮作，除草效果最好。

（4）田间盖草。适于覆膜栽培花生田，既可保温保湿，又可增加土壤有机质，防效为87.2%。

（5）改平种为畦种。起畦播种可减少杂草密度，而平播比畦播杂草密度大。

二、化学防除

可用于花生田的除草剂种类很多，与大豆田除草剂类似，如灭草猛、普杀特、灭草喹、利谷隆、敌草隆、扑草净、噁草灵、乙草胺、拉索、都尔、盖草能和精稳杀得等。要注意因地制宜和品种间对除草剂抗性的差异，在试验的基础上坚持安全有效的原则推广应用。禁止使用国家禁止使用的剧毒、高毒和高残毒的除草剂，如除草醚等。

在生产试验中已发现对花生有不利影响的应禁止使用。如乙草胺对花生有较大的抑制作用，使用后花生发育不良，苗期生长受抑制，鲜重下降20%以上，减产10%以上。特别是在瓜菜、豆类、花生混合种植区，使用乙草胺后造成的空气污染，严重影响西瓜、蔬菜的生长，轻者瓜菜苗不长，重者死亡。因此，应减少乙草胺的使用量。氟乐灵是一种广泛应用的旱田除草剂，但在西瓜、甜瓜上

使用时会产生药害。欧盟已禁止使用氟乐灵，因此建议不要在花生上施用氟乐灵。

花生播种后出苗前是使用化学除草剂的良好时机。金都尔是土壤封闭型除草剂，也是世界上使用量最大的除草剂。在花生播种后出苗前每亩用50~60毫升金都尔对水30~40千克均匀喷雾，可防除花生、芝麻、棉花、大豆等作物的多种一年生杂草，如狗尾草、马唐、稗草、牛筋草等。使用金都尔对花生安全，不影响花生发育。

5%高效盖草灵乳油，对狗尾草、牛筋草、马唐等杂草有较好的防除效果，对大田以每亩50~60毫升为宜，不会产生药害，安全性好。杂草生育期为3~5叶，对水50千克喷雾。

5%精克草能防除禾本科杂草效果较好，防效均达90%以上。用药后15小时，每亩用精克草能20~30克对马唐的防效达92.6%~97.3%，与盖草能25克防效相当；用药后45小时对马唐的防效均达100%，而且对阔叶杂草类也有一定抑制作用。使用5%精克草能必须按照说明书所规定的使用范围进行使用，以免对后茬作物产生不良影响。

（1）播后苗前土壤处理。选择土壤处理的除草剂，既要考虑花生的安全性，又要考虑持效期长短，对后茬作物是否有影响，可以选用金都尔、拉索等。盐碱地、风沙干旱地、有机质含量低于2%的沙壤土、土壤特别干旱或水涝地最好不使用土壤处理，应采取苗后茎叶处理；要慎用普施特、豆磺隆等长残效除草剂，后茬不能种植敏感作物。

（2）苗后茎叶处理。以禾本科杂草为主的花生田，可以选用丰山盖草灵、高效盖草能、威霸等；以阔叶杂草为主的花生田，可以选用虎威（氟磺胺草醚）、克莠灵、苯达松等；禾本科杂草与阔叶杂草混发的花生田，可以选择上述两类除草剂混用。施药时期应掌握在杂草基本出齐，禾本科杂草在2~4叶期，阔叶杂草在5~10厘米高进行。

第十章
植株生长控制技术

一般花生收获机要求植株高度在30~70厘米，植株过高不适宜机械化收获。对土壤肥力较高，肥水条件较好，植株生长旺盛的花生田，当生长过旺而产生徒长时，喷施植物生长调节剂，可抑制营养生长，促进生殖生长。目前，具有矮化植株、防倒伏效果的植物生长调节剂有多效唑（PP_{333}）等；具有促进茎、枝、叶生长，增强光合作用效果的植物生长调节剂有三十烷醇、增产灵（4-碘苯氧乙酸）等；可打破种子休眠，促进发芽，或抑制开花的植物生长调节剂有乙烯利等；能抑制光合作用，减少干物质消耗的植物生长调节剂有亚硫酸氢钠等。对于长势旺盛、生长不良或有休眠习性的花生种子，可选用适当的植物生长调节剂。

20世纪80—90年代，花生生产中广泛应用比久（B_9）控制花生徒长倒伏，取得显著的增产效果。80年代中期，在国外试验发现比久能引起肿瘤后，我国发出通知严禁在花生上施用，现已不再应用。多效唑土壤残留期较长，对后茬作物的生长也表现出抑制作用，不宜过多使用。

矮壮素是一种季铵盐类广谱植物生长延缓剂，可经由叶片、幼枝、芽、根系吸收进入植株体内，有效控制花生疯长，提高花生产量，而且在植物体内降解很快，进入土壤后能迅速被土壤微生物分解，对后茬作物无不良影响。因此，矮壮素被认为是当前适宜在花生上使用以控制疯长、促进结荚的较好药剂。矮壮素、多效唑在花生上喷施，亩用药量分别为矮壮素100克对水50千克、15%多效唑可湿性粉剂35克对水35千克，喷施时间一般在结荚初期。

矮壮素、多效唑一般在花生播种后50天左右喷施叶面，且应根据花生群体长势、肥水条件酌情施用。当高产田花生植株发生徒长，过早封行，田间郁闭时，应及时喷施矮壮素，特别是花生地基肥充足，生长前期干旱、盛花结荚期大量降水，花生疯长，更要注意及时用药，以抑制徒长。对苗弱、长势差、地力差的田块切勿用药，因为矮壮素是植物生长抑制剂，施用后不会促进花生生长，反而使花生更加脆弱。

植物生长调节剂在农业生产上已有广泛应用，对提高作物的产量和改善农产品品质、提高作物抗逆性方面有重要作用。植物生长调节剂是一种微量的有机生理活性物质，它不是一种营养物质，不能代替通常的栽培技术和肥水管理，只有在良好的栽培管理基础上使用，才能起到提高产量和改善品质的作用，相反会对作物的生长造成严重的损害。因此，在使用植物生长调节剂时，应注意以下几方面问题：

一、必须与其他栽培技术措施相结合

植物生长调节剂的作用是调节植物体内的物质，不能代替水肥施用等其他农业措施。即便是促进型的植物生长调节剂，也必须在有充分的水肥条件下才能发挥其作用。因此，施用植物生长调节剂，不能以药代肥。对生长状况良好的植株，植物生长调节剂效果较好；反之，效果则差。如矮壮素处理徒长的花生，有增产的效果；但在肥水不足时使用，则会造成早衰，饱果率低，并不能增产。再如多效唑可调控花生生长，但只有在花生长势旺盛时才有较好的效果。

二、严格掌握使用浓度

有些植物生长调节剂因浓度不同会产生不同效应（促进生长或抑制生长），浓度不足或过高都不能发挥预期作用，甚至造成严重的不良后果。使用浓度要依品种、植物种类、应用目的、实际用量及施用次数等有所变化。如果使用浓度过大，就会造成植物的叶片增厚变脆乃至变形，或叶片干枯脱落，甚至死亡；浓度过小，则达不到应有的效果。所以，施用植物生长调节剂，一定要严格按照说明书上的配制浓度要求配制，不可随意加大或缩小。

三、使用时期要适宜

植物生长调节剂施用要根据作物种类、栽培需要、药剂的有效持续时间等，决定喷施时期，以免造成不必要的浪费，甚至有害于作物。如多效唑，喷施时间一般在结荚初期，会抑制花生营养生长，可提高结果率和饱果率；相反，在幼苗期喷施，则由于营养生长不足，会降低结果率和饱果率，造成减产。施用时间，应掌握在10:00以后至16:00以前。如果施药后4小时内遇雨，需进行补施。

四、要注意相互之间有无拮抗作用

植物生长调节剂混合使用时，要事先了解相互之间是否有增效作用和拮抗作用。如比久与乙烯利混合使用，可促进花芽分化；青霉素和细胞分裂素及生长素与植物生长抑制剂混用，其效果就会互相抵消。乙烯利和赤霉素不能与碱性农药混用。植物生长调节剂叶面保、喷施保等呈酸性，不能与碱性农药、肥料混用。有的植物生长调节剂只能用清水稀释在各种作物上，如果与其他农药、肥料混用，既起不到增产作用，又会降低肥效和造成不必要的浪费。

五、注意用药的安全性

植物生长调节剂是化学物质，大多具有一定的毒性，特别是在作物生长后期使用或直接喷施于食用部位的，需注意严格把关，以免给人畜带来危害。另外，植物生长调节剂的使用必须符合国家农药使用相关规定，禁止使用的植物生长调节剂绝不能使用，如比久已被列为禁用农药，不能使用。

第十一章
病虫害综合防治技术

花生主要病害有青枯病、锈病、叶斑病、根腐病等，主要虫害有蚜虫、斜纹夜蛾、蛴螬、地老虎等。花生病虫草害防治，要坚持“预防为主，综合防治”的原则，做到在病虫草害预测预报的基础上，掌握适时适期防治，合理用药，禁止使用剧毒、高毒、高残留农药，禁止在病虫害大量流行后期大剂量喷洒有毒农药。

第一节　农业预防措施

一、农田管理

加强农田管理，整平地面，搞好排水、灌水系统，杜绝花生根结线虫及青枯病等病原借助降水、灌溉进行传播；深耕深刨加厚土层，增施有机肥防止根腐病等病害的发生；冬耕、冬灌、中耕，破坏害虫和草的生存环境。

二、间作套种

“作物巧间套，防病去虫不用药”。各种作物都有分泌特殊物质的特性，这些特殊物质对某些病虫具有一定的防治和驱避作用。因此，掌握各类作物分泌物的特性，进行合理搭配、间套作，利用其互补作用就能达到防病驱虫的目的。例如，在田间地边种植昆虫喜食作物，如向日葵、蓖麻等，诱使害虫产卵、吸食，然后在发生期组织人员捕杀害虫。此外，花生间种大蒜、香葱等时，这些植物由于产生特殊性的具有芳香气味的化学物质，能驱避有害昆虫。

三、合理轮作

任何病虫害都有最适宜的寄主范围和生活条件，若寄主条件和生活条件不适，则其生长和繁殖就会受到限制甚至死亡。合理轮作使危害单一作物的虫害改变生活条件，对单一作物致病的病原菌失去寄主，从而减轻病害。花生与小麦、玉米、甘薯等实行两年以上的轮作换茬可明显减轻花生叶斑病的危害；花生茎腐病、根腐病、青枯病是通过土壤传播的，通过水稻、花生轮作，基本上可控制茎腐病、根腐病、青枯病的发生，同时可大大减少花生根结线虫的虫口密度。轮作换茬既可调节地力，又能减少作物病虫害的发生，对寡食性害虫和单食性害虫以及寄主范围较小的病原生物所引起的病害防治效果更显著。

四、选用抗病品种

高抗青枯病花生品种有航花 2 号、粤油 92、粤油 200、桂油 28 等；高抗锈病花生品种有粤油 223、汕油 523、粤油 7 号；抗锈病兼抗青枯病花生品种有航花 2 号、粤油 202—35、粤油 79 和粤油 13 等。

五、地膜覆盖栽培

选用黑地膜或光降解地膜覆盖栽培种植，可防杂草，防旱，并且无污染，同时对蚜虫、根结线虫也有一定的避害作用。

六、药剂拌种

用种子重量 0.3% 的 70% 甲基托布津可湿性粉剂 1 000 倍液，或 70% 百菌清可湿性粉剂 700 倍液加适量杀虫剂，或种子重量 0.5% 的 50% 多菌灵可湿性粉剂、适量水及适量杀虫剂，与种子搅拌均匀，即可播种，这样可防治苗期病害和地下害虫。

第二节　化学防治

采用化学方法防治病虫害仅是综合防治中的补充环节，绝不是首选措施。病虫害防治原则：注意保护利用害虫天敌，发挥各种自然控制因子的作用，以农业防治为基础，进行综合防治。只有当抗病品种、各种自然控制因子和科学栽培措施均不起作用时，才采用化学防治的方法。因此，不达防治指标的不治，可不用农药防治的不用。采用化学防治的原则是安全、有效、经济。

一、安全

为了降低农药对环境和花生的污染，用药过程要严格执行有关农药使用的各种规定，严禁使用高毒、剧毒和高残留的农药。我国禁用农药有杀虫脒、敌枯双、二溴乙烷、二溴氯丙烷、三环锡、培福朗、氟乙酰胺、汞制剂、1605、杀螟威、氧化乐果、呋喃丹、万灵、五氯酚钠、六六六和滴滴涕等剧毒和高残留农药。我国限用的农药有甲胺磷、三氯杀螨醇、菊酯类农药等。

在选择农药品种时应优先使用生物农药和低毒、低残留的化学农药。这些农药主要有生物制剂和天然物质、除威菊酯类、昆虫激素类（卡死克、抑太保等）、少数有机磷品种（乐果、辛硫磷、敌敌畏、喹硫磷、乙酰甲胺磷等）以及其他类（杀虫双、吡虫林等）。

二、有效

根据花生病虫消长规律，在病虫害发生发展过程中最薄弱的环节即最佳防治时期施药，有事半功倍之效。根据病虫害田间分布情况，能挑治的绝不普治，能局部处理的绝不全面用药，尽量减少用药面，特别注意选择适当的剂型，用最少的农药获得最大的防效。如菜青虫，重点防治越冬后的第一代，就可以大大减少冬后第二代的虫量。夜蛾类害虫，应在幼虫孵化高峰时用药防治，因此时幼虫聚集取食，且抗药性小，一旦错过防治适期，幼虫将分散危害，不可收拾。又如病毒病与苗期蚜害关系密切，只要苗期蚜虫防治好，一般病毒病不会严重发生，蚜虫发生初期以田间为核心分布，此时可采用针对发生中心有重点地施药。菌核病、白粉病、霜霉病、青枯病在田间流行时，常从发病中心向四周扩散，及时准确对中心病株施药可以有效控制这类病。小地老虎、蝼蛄以及蜗牛等适宜采用毒饵诱杀的方法。

三、经济

化学防治要适当减少施药次数，要求植保专业技术人员掌握病虫害消长规律、田间分布情况，对施用农药的有效使用浓度和药量有一定的了解。一般杀虫效果 85% 以上，防病效果 70% 以上，即称为高效。切不可因盲目追求防效而随意加大浓度和剂量。一般菊酯类杀虫剂使用浓度为 2 000~3 000 倍液，有机磷为 1 500~2 000 倍液，生物农药为 500~800 倍液，激素类为 3 000 倍液左右，杀菌剂为 600~800 倍液，农药安全间隔期即按此标准制定。在使用剂量上，一般在有效的浓度范围内，药液 225~300 千克 / 公顷即可。采用低容量和小孔径（0.1 纳米）喷雾技术，喷雾量虽少，但雾滴细小，在叶面上展开面积大，有效利用率高。

第三节　主要病害防治

一、青枯病

（一）病原

病原为青枯假单胞杆菌［*Pseudomonas solanacearum*（Smith）Smith］。

（二）发生规律

青枯病是细菌性病害，寄主有茄科、豆科、旋花科、苋科、菊科等 30 多科的植物，包括花生、烟草、茄子、番茄、辣椒、马铃薯等多种作物。花生青枯病多自开花前后开始发病，但以盛花下针期发病最重，结荚后病情有所缓和。

（三）发病条件

（1）高温多湿地发病重，连作地、前茬作物病菌残留量多的田

块、旱地。

（2）地势低洼积水，排水不良；土质黏重，土壤偏酸的田块。

（3）氮肥施用过多，栽培过密，株、行间郁闭，不通风透光。

（4）种子带菌、育苗用的营养土带菌、有机肥没有充分腐熟或带菌。

（5）植株根部或茎基部受线虫或粪蛆危害，或中耕受伤细菌从伤口侵入。

（四）症状

青枯病是一种典型的维管束病害，多发生于花生开花初期，结荚盛期达到高峰。该病病菌从花生根系的伤口或自然孔口入侵。在发病初期，植株最初顶叶失水，软垂凋萎，继而全株枝叶萎蔫下垂。早晨叶片仍能展开，凋萎叶片还能保持青绿色。剖视病茎和根部，可见输导组织呈深褐色。以手挤压茎部，切口处有污白色的菌液流出。发病后期，植株地上部青枯，拔起病株，根部发黑、腐烂，容易拔起。从发病至枯死，快则1~2周，慢则3周以上。春花生在5—6月、秋花生在9—10月发病较重。

（五）防治方法

每公顷用11.25千克青枯散菌剂，对水4 500千克，在花生播种后30~40天灌墩。或在发病前或发病初期，用30%氧氯化铜悬浮剂600~800倍液、14%胶氨铜水剂300~400倍液、72%农用硫酸链霉素可溶性粉剂4 000倍液，连续喷施2~3次，每次间隔10~15天，每公顷施用量900~1 125千克。

二、锈病

（一）病原

花生锈病的病原为落花生柄锈菌（*Puccinia arachidis* Speg.），属担子菌亚门真菌。我国花生上未见冬孢子。夏孢子近圆形，大小为（22~34）微米 ×（22~27）微米，橙黄色，表面具小刺，孢子中轴两侧各有一发芽孔。

（二）发生规律

该病在广东、海南等四季种植花生地区辗转危害，在自生苗上越冬，翌春危害春花生。北方花生锈病初侵染来源尚不清楚。夏孢子借风雨形成再侵染。夏孢子萌发温度11~33℃，最适温25~28℃，20~30℃病害潜育期6~15天。春花生早播病轻，秋花生早播则病重。

（三）发病条件

花生生育期间，花生锈病的扩展蔓延主要为当地菌源。影响花生锈病发生和流行的主要因素：一是越冬菌量。越冬菌量大，次年花生锈病则可能大发生。二是气候条件。一般情况下，温度不是限制因子。影响锈病流行的主导因素是雨水和雾露，降雨和雾露天数多，锈病发生重。三是栽培管理。春花生早播病轻，晚播病重；秋花生则早播病重，晚播病轻；连作地病重，轮作地病轻；水田发生重，旱田发生轻。施氮过多，密度大，通风透光不良，排水条件差，发病重。高温、高湿、温差大有利于病害蔓延。

（四）症状

锈病主要在花生开花封行后发生。主要危害叶片，也会蔓延到茎部和荚果。常在下部老叶先发病。锈病在雨季湿度大、温度适宜时容易流行。

感染锈病的叶片在发病初期出现淡黄色的锈点。锈点针头大小，在叶片背面扩大，突起。随后，锈点的表皮破裂，病斑周围出现黄晕，叶片变枯黄，严重时植株死亡。叶片染病初在叶片正面或背面出现针尖大小淡黄色病斑，后扩大为淡红色突起斑，表皮破裂露出红褐色粉末状物，即病菌夏孢子。下部叶片先发病，渐向上扩展。叶上密生夏孢子堆后，很快变黄干枯，似火烧状。叶柄、托叶、茎、果柄和果壳染病夏孢子堆与叶上相似，椭圆形，但果壳上数量较少。

（五）防治方法

在抓好栽培管理措施的同时，经常进行田间调查，发现锈病发生，每隔 7~10 天喷药 1 次，连续 3~4 次。

（1）可选用 50% 胶体硫 150 倍液、75% 百菌清可湿性粉剂 500~600 倍液、50% 克菌丹 500 倍液、95% 敌锈钠 500 倍液加 0.1% 洗衣粉或 80% 可湿性代森锌 600 倍液。

（2）同其他病害一起防治：在花生生长前期叶斑病发生时，先喷胶体硫 200 倍液，每隔 10 天喷 1 次。到叶斑病与锈病同时发生时，再喷敌锈钠、胶体硫混合剂，每隔 10~14 天喷 1 次，混合剂配方为敌锈钠 1 千克、胶体硫 2 千克，加水 250~300 千克。如在配方中加入硫酸铜 150 克，则效果更佳。但值得注意，因花生对敌锈钠比较敏感，若没有发生锈病则不要使用此药。

三、叶部病害

黑斑病和褐斑病是花生最常见的叶部病害，共同特点是在叶面形成斑点，所以统称叶斑病。主要区别是：褐斑病发生较早，初花期即见发生，后期叶片上病斑较大，圆形或不规则形，颜色较浅，正面呈茶褐色或暗褐色，周围有黄色晕圈，背面褐色或黄褐色；黑斑病发生较晚，病斑暗褐色至黑色，较褐斑病斑小，边缘较褐斑病整齐，病斑周围无黄星。孢子梗为黑色颗粒状，排列成同心轮纹，并生有许多小黑点。气候潮湿时，病斑上产生一层灰褐色霉状物。严重时，叶片上的病斑相互连合，形成不规则形大枯斑，病叶随之死亡脱落。叶柄和茎秆上的病斑椭圆形，黑褐色，有时相互连片呈不规则形大斑，严重时整个叶柄或茎秆变黑枯死。

（一）病原

1. 黑斑病

无性态为球座尾孢 [*Ceroxpora personata*（Berk. et Curt）Ell. et Ev.]，半知菌亚门球腔菌属。有性态为伯克利球腔菌（*Mycosphaerella berkeleyi* Jenk.），子囊菌亚门球腔菌属。分生孢子梗暗褐色，粗短，直杆状稍弯，上部呈节状弯曲。分生孢子顶生于孢子梗上，倒棍棒形，直或略弯，淡褐色，具1~7个隔膜（多为3~5个）。有性世代少见。

2．褐斑病

无性态为花生尾孢（*Ceroxpora arachidicola* Hari），半知菌亚门尾孢属；有性态为花生球腔菌（*Mycosphaerella arachidicola* Hori），子囊菌亚门球腔菌属，国内尚未发现。分生孢子梗黄褐色，无隔或有1~2个隔膜，直或略弯，上部渐细，有明显的节状弯曲。分生孢子顶生，无色或淡褐色，倒棍棒形或鞭状，比黑斑病的孢子细长，有4~14个隔膜（多为5~7个）。

（二）发生规律

（1）连作地、前茬病重、土壤存菌多；连作田发病重，轮作田发病轻。

（2）决定病害发生轻重的主导气象因素是降雨及湿度。地势低洼积水，排水不良，土壤湿度大；或土质黏重、板结时易发病。

（3）氮肥施用过多，植株柔嫩多汁，虫害较多时易发病。

（4）栽培过密，株、行间郁敝，不通风透光。

（5）种子带菌、有机肥没有充分腐熟或带菌。

（6）早春多雨或梅雨来早、气候温暖空气湿度大。

（7）夏季高温高湿、多雨时易发病，早秋多雨、多雾、重露时易发病。

（三）症状

1．黑斑病

叶片上病斑圆形或近圆形暗褐色、黑褐色淡黄色晕圈，背面有许多黑色小点，呈同心轮纹状排列。潮湿时，病斑上产生一层灰褐色霉状物。叶柄和茎秆上的病斑椭圆形，黑褐色，病斑多时连成不规则大斑，严重的整个叶柄或茎秆变黑枯死。

2．褐斑病

叶片上病斑较大，直径4~10毫米；颜色较黑斑病的浅，正面棕褐色至褐色，背面黄褐色，周围的黄色晕圈宽而明显。潮湿时，病斑上也产生灰褐色霉层。病斑多时也联合成不规则的斑，致叶片枯死脱落。茎秆上的病斑褐色，长椭圆形，病斑多时也致茎秆枯死。

（四）防治方法

对褐斑病、黑斑病，发病初期可用50%多菌灵可湿性粉剂1 000倍液或80%代森锰锌可湿性粉剂500倍液（每公顷对水600~900千克）喷雾防治，每次间隔7~10天，连喷2~3次。

对叶斑病，用2%农抗120生物制剂200倍液于播后70~80天在侵染源传播蔓延始期喷第1次药，隔10天喷1次，共喷2~3次，每次用药液为每公顷1 125千克。还可用高脂膜200倍液喷洒花生叶面。另外，柳树叶、水蓼、泽漆浸提液防病也有一定的效果，这三种植物叶片的浸提液，农民俗称“土农药”，可就地取材，既经济、安全，又无任何公害，是防治花生叶斑病较好的补充措施之一。农乐1号也是一种无毒无残留、含有多种营养成分的理想的无公害花生生产防病增产剂，可在播种时每公顷种量拌种37.5千克处理，也可用农乐1号150倍液灌墩或叶面喷洒，自始花开始喷施，每半月喷施1次，共用药3次，每次每公顷用药液1 125千克，可起到防治叶斑病和增产的效果。

农抗120与芽前除草剂乙草胺混合使用，于花生播种后喷洒地面，控制花生初侵染源，防病除草效果均好。

四、茎腐病

（一）症状

茎腐病常在主茎着生第一对侧枝处或根茎的中上部发病。病部产生不规则的褐色斑块。随后，斑块变成黑褐色。最后，病斑绕茎一周，形成环状病斑。病斑密生小黑点。严重时，植株枯萎死亡。

（二）发生规律

雨天骤晴，土温变化剧烈，或气候干旱，土表温度高，植株受灼伤后，病菌易侵入，植株容易发病。

（三）防治方法

喷药预防控病。齐苗后、开花前和盛花下针期分别喷淋药剂 1 次，着重喷淋茎基部。药剂除选用上述拌种用药的 1 000~1 500 倍液外，还可选用 70% 托布津可湿性粉剂加 75% 百菌清可湿性粉剂（1 ∶ 1）1 000~1 500 倍液、30% 氧氯化铜加 70% 代森锰锌可湿性粉剂（1 ∶ 1）1 000 倍液，或 65% 多克菌可湿性粉剂 600~800 倍液喷淋防治。

五、根腐病

（一）病状

根腐病的地上部病状与茎腐病相似，发病时，地下部根皮变褐色，腐烂，并与髓部分离，侧根很少，呈鼠尾状。

花生根腐病在开花结果盛期发病最重，主要危害花生根部。花生感病后，在根颈部生黄褐色浸润状病斑，以后病部逐渐变黑褐色。病株地下部主根湿腐，根皮层变褐腐烂，易剥离脱落，无侧根，或侧根少而短，主根像老鼠尾巴一样，因此，花生根腐病又叫“鼠尾”，这是病害的最主要特征。潮湿时病颈部再生不定根。病株地上部矮小，生长不良，叶片变黄，易脱落；轻病株，白天萎蔫，早晚恢复；重病株，叶柄下垂，叶片自下而上枯萎脱落。病株矮小，开花结果少，秕果多。

（二）防治方法

用种子重量 1% 的 50% 多菌灵可湿性粉剂拌种，必要时用根腐灵 300 倍液灌根。

六、灰霉病

（一）病原

花生灰霉病是由密集葡萄孢菌引起的真菌病害。病部黑色部分

即是病菌的分生孢子器（分生孢子和菌丝体）。灰霉病菌分生孢子梗直立，丛生，浅灰色，有隔膜，顶端有几个分枝，分枝顶端细胞膨大，近圆形，上生许多小梗，小梗顶端着生 1 个分生孢子，葡萄穗状。分生孢子卵圆形，单细胞，浅灰色。室内培养在病部产生许多菌核。菌核黑褐色，扁圆形或不规则形，表面粗糙，菌核萌发产生 2~3 个子囊盘，浅褐色，子囊圆筒形或棍棒形。子囊孢子卵形或椭圆形，无色。

（二）发生规律

病菌生长适温为 10~20℃，湿度高有利于分生孢子的产生和萌发。病菌以菌核在土壤中或病株残体中越冬。翌年菌核萌发，长出菌丝，分生孢子随气流和风雨传播，温湿度适合时，分生孢子萌发，直接侵入或从伤口侵入，产生分生孢子进行再侵染，短期内病害即严重发生。后病部产生许多菌核，落入土中或在病株残体中越冬，病叶接触茎部，也会导致茎部发病。气温超过 20℃时，对病害发生不利。长期多雨、多雾、气温偏低，花生生长衰弱是灰霉病发生流行的主要条件。花生初花期易感病。品种间抗病力差异较大。沙质土病重，冲积土和黄泥土病轻；施氮肥过多病重，施草木灰或钾肥的病轻。

（三）症状

灰霉病主要在花生苗期发病。发病初期，在顶叶以及顶部以下第 2 片、第 3 片叶的叶边和托叶，有时也可在中部的茎叶出现圆形或不规则的水渍状斑点。斑点后来变灰色或褐色，并呈软腐状。2~3 天后，腐烂的病部长出灰色霉层，叶片下垂。严重时，地上部甚至全株死亡。防治灰霉病的方法与叶斑病防治相同。

（四）防治方法

发病初期喷洒胶体硫 100 倍液，每亩用药液 50~60 千克，或喷用 20% 速克灵可湿性粉剂 1 000 倍液，每亩用药液 60~75 千克。每 7~10 天喷 1 次，连续用药 2~3 次。

七、黑霉病

（一）病原

病原菌分生孢子梗无色，顶端膨大成头状，灰褐色至黑色，上有放射状之小梗。小梗黑褐色，其上串生圆形的分生孢子。分生孢子为单胞，褐色或灰褐色，直径为2.5~5微米。

（二）发生规律

病菌以菌丝或分生孢子附于病残体与种子上和土壤中越冬，是来年初侵染的主要来源。带菌种子播种后，分生孢子萌发成苗丝，从受伤的种子脐部或子叶间隙侵入，也可从种皮侵入，随花生的生长，病菌侵入茎基部或根茎部。当病部产生大量分生孢子，随风、雨、气流在田间扩大再侵染。该病通常在苗期至花针期发生，花针期为发病高峰，花期后发病较少。凡排水不良、耕作粗放、常年连作的花生地发病重，使用发生霉变的种子能加重发病。高温、高湿或间歇干旱或多雨有利于病害发生。

（三）症状

幼苗的根颈部在感病初期，表皮呈黄褐色病斑。病斑迅速扩展，表皮纵裂，呈干腐状。严重时，病部仅剩下破碎的纤维组织，植株枯萎死亡。该病的主要特征是：病株被拔起时易断，断口在根颈部，断口及其附近的病部有黑色霉状物，髓部及纤维束变成紫褐色。

（四）防治方法

用50%多菌灵可湿性粉剂按种子重量的0.5%拌种，或用上述药量加水浸种2小时。

八、炭疽病

（一）病原

炭疽病的病原为*Colletotrichum truncatum*（Schw.）Andr. et Moore称平头刺盘孢，属半知菌亚门真菌。国内报道还有*C. arachidis*

Sawada、*C. mangenoti* Che. 和 *C. dematium*（Pers. ex Er.）Grove，都属于半知菌亚门炭疽菌属，均可引起该病，不同种类菌种引起症状略有不同。

（二）发生规律

炭疽病的病原菌以菌丝和分生孢子的形式在病株的残体越冬。条件适宜时借雨水或昆虫传播。高温、高湿、田块排水不良时发病严重。

（三）症状

感染炭疽病的植株下部叶片出现褐色或暗褐色病斑。病斑楔形、长椭圆形或不规则形，上有不明显的轮纹。病斑的边缘浅黄褐色，中央生有许多不明显的小黑点。

（四）防治方法

在发病初期，用 50% 多菌灵可湿性粉剂 500 倍液，或 80% 炭疽福美可湿性粉剂 500~600 倍液喷施。

九、白绢病

（一）发生规律

白绢病亦称菌核性茎腐病，多发生在花生生长后期。白绢病的菌核在土壤中或堆肥中越冬。菌核在适宜的温度、湿度条件下萌发，长出菌丝后，侵入植株。发病后，病部组织腐烂，菌核落入土壤。每一个病株形成一个发病中心。

（二）症状

发病初期，靠近地上部的茎部变褐色，长出白色的绢状菌丝和芥菜状的菌核，最后病部腐烂脱皮，只剩下纤维组织。此外，果柄和荚果也可受害。

（三）防治方法

（1）将花生与其他作物轮作 2~3 年。

（2）用 25% 多菌灵可湿性粉剂 500 倍液淋灌病株茎基部及附

近土壤，杀死白绢病的菌核和菌丝体。

十、丛枝病

花生丛枝病，我国农村俗称“花生公”，属病毒性病害。我国主要分布在海南、广东、广西、福建和台湾等省（区），以海南、广东两省发生较普遍，在北方产区也有零星发生。此病在秋花生发病率可达10%~20%，严重的高达80%以上；春花生一般发病率为2%~3%。早期感病的植株可致颗粒无收，中期感病的损失达60%以上，后期感病的损失10%~30%。

（一）病原

花生丛枝病是由花生丛枝植原体侵染所引起。植原体形态多型性，圆球形、丝状、哑铃状和不规则形等，大小为100~760纳米。

（二）发生规律

花生丛枝病的病原植原体存在于病株叶脉、叶柄和茎的韧皮薄壁组织细胞中，传毒虫媒为小绿叶蝉，种子和土壤不能传染。小绿叶蝉成虫获毒饲育时间为24小时以内，虫体循徊期9~11天，带毒成虫和幼虫可终身传毒。病害的发生流行同虫媒、播期、天气、耕作和品种等因素有密切的关系。通常在小绿叶蝉大发生的年份发病较重；在广东春花生迟播（清明后）和秋花生早播（大暑前）的地块发病较重；天气干旱年份发病较重；旱地比水田、沙土地比黏土地、坡地比平地发病重。

（三）症状

花生丛枝病通常在花生开花下针时开始显症，其最显著的症状是地上部表现枝叶丛生，叶片缩小，叶色淡黄，节间缩短，全株矮化；地下部入土的子房多不能成荚，呈“秤钩”状反向上生，偶结的荚果壳厚，种仁不充实，表皮有突起的红色导管，生吃味苦。

（四）防治方法

及早喷药除虫控病。花生开花前喷药防治叶蝉等传毒介体。对

虫媒小绿叶蝉宜掌握初龄幼虫期和虫害发生高峰前及时选喷40%菊马乳油2 000~3 000倍液或50%抗蚜威或2.5%功夫乳油2 000~3 000倍液1~2次（隔7~10天1次），可收除虫控病之效。

第四节　主要虫害防治

一、蚜虫

花生蚜虫是危害花生的一种重要害虫。

（一）形态特征

花生蚜虫体形细小，分有翅和无翅蚜虫2种。有翅孤雌胎生蚜虫体长0.96~1.52毫米，体黄色或黄绿色。无翅孤雌胎生蚜虫体长0.95~1.29毫米。

（二）症状

蚜虫主要吸食花生嫩叶的汁液，使嫩叶变畸形，呈狗耳状，植株矮缩。花生初花期受害最重。花生蚜虫多集中在顶端的茎、叶、花上危害。受害植株，叶片卷曲，生长缓慢，影响开花结实。

（三）生活习性

花生蚜虫在花生出苗后，就从杂草等中间寄主迁飞到花生田里。6月上、中旬是点片发生，以后向全田扩展危害。此时正值花生开花期，如果天气干旱，气温高，虫口密度剧增，危害加重，这个时期是防治的关键。

（四）防治方法

保护利用天敌，当田间瓢虫与蚜虫比例达到1∶（80~100）头时，可利用瓢虫食蚜虫，不要施用农药。为每百墩有蚜虫1 000头以上时，每公顷用50%辟蚜雾90~120克对水750千克喷雾防治。对传播病毒病的蚜虫，当花生田蚜株率达到5%~10%时，用10%吡虫啉可湿性粉剂3 000倍液或40%乐果乳油1 000~1 500倍液喷雾防治。

二、斜纹夜蛾和卷叶虫

（一）形态特征

花生斜纹夜蛾的成虫体长16~20毫米，前翅灰褐色，多斑纹，中部的前缘有灰白色的阔带状斜纹。1~2龄的幼虫头部黑色，胸部灰黑色。幼虫3龄以后，背线、亚背线和气门的下线有黄色线条，体表有细斑纹。老熟的幼虫背面暗绿色，腹部淡灰黄色，各节亚背线上有新月形的斑纹，纹下有橙黄色小点。蛹棕色，长约18毫米，头部钝圆形，尾端尖细，腹部有8节，第2至第7节有6对小黑点的气门。

（二）症状

花生卷叶虫的幼虫常钻入嫩叶取食。幼虫稍大则外出卷叶。一般将2~3片叶卷在一起。每个卷起的叶片内常有1~2头幼虫在内咬食叶肉。叶片被咬后留下褐色网状膜。

（三）生活习性

斜纹夜蛾是杂食性昆虫，寄主多，主要为害花生的叶片、嫩茎、花器和荚果。在广东省，花生斜纹夜蛾全年均可繁殖，一年中发生7~9个世代。

（四）防治方法

（1）人工捕杀。在卷叶虫产卵盛期，当被幼虫群集叶片，咬食叶肉，叶片出现白色膜状时，可组织人力摘去叶面的卵块，或捕杀幼虫。

（2）药物防治。当上述两种害虫于3龄期以前，每亩用90%敌百虫500~600倍液60~75千克，或20%杀灭菊酯乳油18~25毫升加水25~30千克，或用50%辛硫磷乳油1 000~1 500倍液60~75千克喷施。

三、地下害虫

华南地区花生的地下害虫主要有蛴螬、蝼蛄、地老虎、金针虫等。

（一）症状

在苗期取食种子，咬断根和茎。在成熟期咬食幼果及种仁，造成空壳；或咬断果柄，造成落果；或咬断根部，造成植株死亡。

（二）防治方法

（1）药物拌种。用煤油 0.2 千克拌种子 100 千克，或用 25% 七氯乳剂 1 千克，加水 25~30 千克，拌种 200~400 千克，或用 50% 氯丹乳剂 1 千克加水 20~50 千克，拌种 300~500 千克，或用辛硫磷 0.2 千克拌种 100 千克。

（2）撒毒土。每亩用 25% 灵丹粉 0.25~0.5 千克，加细土 15~30 千克，或用 25% 辛硫磷颗粒剂 2.5~3 千克，加细土 25~30 千克，药物与细土混匀后，撒施于穴内，盖上薄土，然后播种。

（3）投毒饵。用米糠或花生壳粉等物质 2 千克与 20% 灵丹粉约 0.1 千克混匀，于傍晚时置于田间，诱杀地下害虫。

第五节　植保机械及施药技术

一、常用植保机械及操作技术规范

目前我国常用施药机械仍是手动或机动喷雾喷粉机，包括手动背负式喷雾器、手动压缩式喷雾器、背负式喷雾喷粉机、担架式机动喷雾机及小型机动喷烟机等，其中手动植保机械占整个市场份额的 80% 左右。现在我国的施药方式仍以大雾量雨淋式的喷雾为主，农药利用率只有 20%~30%，其余 70%~80% 都沉降到地面和飘移到周围环境，不仅浪费了资源，增加了农民负担而且造成环境污染。对于地下病虫害的防治仍是采用种衣剂、包衣药剂拌种、撒埋毒土及药液灌根等传统手工防治方法。

（一）手动喷雾器操作规范

（1）按照产品说明书正确安装喷雾器零部件。检查各连接是否漏气，使用时，先安装清水试喷，然后再装药剂。

（2）作业前按操作规范，严格遵守药品的使用说明配制好农药。向药液桶内注入药液前，一定要将开关关闭，以免药液漏出，加药液时要用滤网过滤，且药液的液面不能超过安全水位线。

（3）将喷雾器背在背后，左手拿压杆上下压动至一定的压力时（压动速度约 30 次 / 分），右手执喷杆手柄打开开关并摆动喷杆，根据被喷植物（或面积）大小调节开关大小，使喷头按要求上下或左右喷雾。

（4）初次装药液时，由于气室及喷杆内含有清水，在喷雾起初的 2~3 分钟内所喷出的药液浓度较低，所以应注意补喷，以免影响病虫害的防治效果。

（5）喷药时要注意力集中，手眼配合，用力要有节奏，将喷嘴对准受病虫害的植物部位喷施农药，做到周到、均匀、正确、安全。

（6）工作完毕，应及时倒出桶内残留的药液，并用清水洗净倒掉，同时，检查气室内有无积水，如有积水要拆下水接头放出积水。

（7）若短期内不使用喷雾器，应将主要零部件清洗干净，擦干装好，置于阴凉干燥处存放。若长期不用，则要将各个金属零部件涂上黄油，防止生锈。

（8）用药后 48 小时内，如发现药害应立即喷洒 1%~2% 的洗衣粉溶液，或喷洒清水数次，以缓解药害，减轻损失。

（二）喷射式机动喷雾机操作规范

喷射式机动喷雾机是指由发动机带动液泵产生高压，用喷枪进行宽幅远射程喷雾的机动喷雾机。喷射式机动喷雾机具有工作压力高、喷雾幅宽、工作效率高、劳动强度低等优点。

1．施药前的准备工作

在施药之前需要对喷射式机动喷雾机机具进行调整：

（1）检查机具安装是否正确，动力皮带轮和液泵皮带轮要对齐，螺栓紧固，皮带松紧适度，皮带轮运转灵活，并安装好防护罩，使

机具符合作业状态。

（2）按照说明书中的规定给液泵曲轴箱加入润滑油至规定油位，便携式、担架式喷雾机还要检查汽油或柴油机的油位，若不足则按说明书规定牌号补充。

（3）检查吸水滤网，滤网必须沉没于水或药液中。

（4）启动前将调压阀的调压轮按逆时针方向调节到较低的压力位置，再把调压手柄置于卸压位置。

（5）启动发动机进行试运转。低速运转 10~15 分钟，若见有水喷出，并无异常声音，可逐渐提速至泵的额定转速。然后将调压手柄置于加压位置，按顺时针方向慢慢旋转调压轮加压，至压力指示器指示到额定工作压力为止；用清水进行试喷，观察各接头处有无泄漏现象，喷雾状况是否良好。

（6）使用混药器喷药前，应先用清水试喷，将混药器调节至正常工作状态，然后根据所需施药量和农药进行配比。

2．施药中的技术规范

（1）启动发动机，调节泵的转速、工作压力至额定工况。

（2）操作人员手持喷枪根据已定作业参数喷雾，手与喷枪出口距离应在 10 厘米以上，以免接触农药。

（3）喷药时喷枪的操作应保证喷洒均匀、不漏喷、不重喷，喷射雾流面与作物顶面应保持一定距离，一般高 0.5 米左右，喷枪应与水平面保持 5°~15° 仰角，不可直接对准作物喷射，以免损伤作物。

（4）当喷枪停止喷雾时，必须在液泵压力降低后（可用调压手柄卸压），才可关闭截止阀，以免损坏机具。

（5）作业时应经常察看雾形是否正常，如有异常现象，应立即停机，排除故障后再作业。

（6）使用混药器时，应待机具达到额定工况后，再将混药器的吸药头插入已稀释的母液桶中，当一次喷洒完成后立即将吸药头取出，避免药液流失。

（7）注意使用时液泵不能脱水运转，以免造成喷雾不均匀或漏喷。

（8）机具转移作业地点时应停机，将喷雾胶管盘卷在卷管机上，按不同机型的转移方式进行转移。

（9）当液泵为活塞泵、活塞隔膜泵且转移距离不长时（时间不超过 15 分钟）可不停机转移。

（10）每次开机或停机前，应将调压手柄放在卸压位置。

3．施药后的技术规范

（1）作业完成后，应在使用压力下用清水继续喷射 2~5 分钟，清洗液泵和胶管内的残留药液，防止残留药液腐蚀机件。

（2）卸下吸水滤网和喷雾胶管，打开出水开关，卸去泵的工作压力，用手旋转发动机和液泵，排尽液泵内存水，擦净机器外表污迹。

（3）按使用说明书要求，定期更换液泵曲轴箱内机油。发现有因油封或膜片等损坏导致曲轴箱进入水或药液情况时，应及时更换损坏零件，同时用柴油将曲轴箱清洗干净，再更换全部机油。

（4）当防治季节完毕，机具长期存放时，应严格清除泵内积水，防止冬季冻坏机件。

二、国外植保机械及施药技术

目前，欧美发达国家的植保机械以中、大型喷雾机为主，并采用了大量的先进技术，现代微电子技术、仪器与控制技术、信息技术等许多高新技术已在发达国家植保机械产品中广泛地应用。

（一）现代化的植保机械

国外普遍采用大型悬挂式或牵引式喷杆喷雾机，喷幅达 18~34 米，药箱容量为 400~3 000 升，作业速度达 8~10 千米 / 小时，配套拖拉机功率在 5.88~73.5 千瓦（80~100 马力）。各种大型植保机械都是机、电、液一体化的复杂系统，设计完善，制作精美，工作安全可靠，操作方便。

1. 采用机电一体化技术

电子显示和控制系统已成为大中型植保机械不可缺少的部分，电子控制系统一般可以显示机组前进速度、喷杆倾斜度、喷量、压力、喷洒面积和药箱药液量等。通过面板操作，可控制和调整系统压力、单位面积喷液量及多路喷杆的喷雾作业等。系统依据机组前进速度自动调节单位时间喷洒量，依据施药对象和环境严格控制施药量和雾粒直径大小。控制系统除了可与个人计算机组相连外，还可配 GPS 系统，实现精准、精量施药。

2. 采用全液压驱动系统

在大型植保机械，尤其是自走式喷杆喷雾机上采用全液压系统，如转向、制动、行走、加压泵等都由液压驱动，不仅使整机结构简化，也使传动系统的可靠性增加。有些机具上还采用了不同于弹簧减震的液压减震悬浮系统（A. P. D），它可以依据负载和斜度的变化进行调整，从而保证喷杆升高和速度变化时系统保持稳定。此外，有些牵引式喷杆喷雾机产品在牵引杆上还装有电控液压转向器，以保证在拖拉机转弯时机具完全保持一致。

3. 采用农药注入和自清洗系统

为了减少人药接触中毒事件，国外植保机械已采用自动混药技术，由于母液制备量比药液少得多，不但减少了原药与水源、人体接触的机会，而且方便灵活，可根据需要调节混药比例。丹麦 ALPHA 2000 等大型喷杆喷雾机，均采用自动混药技术，配有加药箱、主药箱、清水箱和洗手水箱。配药时，先把母液倒入配药箱中，通过转换开关从清水箱中吸水稀释，再通过转换开关将药液吸入主药箱中配成所需药液。作业完成以后，用清洗水箱的水清洗喷雾部件和药箱，操作人员用洗手箱的水清洗手脸后施药。英国某型机具配有一个 30 升的农药容器，计量泵从容器中吸取农药，根据作业参数确定计量泵的活塞行程，使农药增加或减少，农药在混合室与来自水箱的水混合稀释后流向喷杆。这种方法在环境保护、人身安全、经济效益上有着突出优点，消除了配药时操作人员与农药的接触，同时用药量可以随时调节，防止药瓶直接连接到喷杆的混药器上，利用液体的抽吸作用在雾化前自动混药，完全避免了农药原液与操作者接触的危险。

4. 完善的过滤系统

国外大中型喷雾机的喷雾系统一般都具备4级过滤，避免系统堵塞及因堵塞造成漏喷或喷头雾化不良。一种有自洁能力的压力过滤器安装在系统中以提高过滤能力，减少堵塞或可减少操作者排堵的劳动强度以及污染的可能。该过滤器中一股药液供喷雾，另一股药液流冲洗网上脏东西后一同流回药液箱，自洁过滤器已广泛受到重视和应用。

（二）现代化施药技术

植保机械作业是一项特殊的田间作业，有其严格的要求。发达国家都制定了诸如采取何种喷头、何种压力、多大风速下喷雾等严格的施药作业技术规范。国际上许多著名的植保机械厂家开发了旱地气力辅助喷杆式喷雾机、各类静电喷雾机、回收式喷雾机和采用微波、红外传感或者图像识别技术的自动对靶喷雾机及果园仿形喷雾机等。同时，原药自动注入系统、静电喷头、防飘移喷头、恒压防滴装置等精准施药关键部件的技术已经成熟，并应用于相关施药机械中，实现了施药技术与机具向精准型的转型。目前，国外的施药技术主要有以下几种：

1. 低量喷雾技术

低量喷雾技术是指单位面积上施药量不变，但减少农药原液的稀释倍数，从而减少喷雾量，用水量相当于常规喷雾技术的1/10~1/5。其主要目的是通过利用小雾滴（100微米以下）较好的穿透性，达到雾滴在植物各个部位，包括叶片背面均匀分布的目的。除了使用低量高效的农药外，还开发了系列低量喷头，可依据不同的作业对象、气候情况等选用相应的低量喷头，以最少的农药达到最佳防治效果。

2．自动对靶施药技术

目前，国外主要有两种方法实现对靶施药：一是使用图像识别技术。该系统由摄像头、图像采集卡和计算机组成。计算机把采集的数据进行处理，并与图像库中的资料进行对比，确定对象是草还是庄稼、何种草等，以控制系统是否喷药。二是采用叶色素光学传感器。该系统的核心部分由一个独特的叶色素光学传感器、控制电路和阀体组成。阀体内含有喷头和电磁阀。当传感器通过测试叶色素判别有草存在时，控制喷头对准目标喷洒除草剂。目前只能在裸地上探测目标，可依据需要确定传感器的数量，组成喷洒系统，用于果园的行间护道、沟旁和道路两侧喷洒除草剂。例如，美国伊利诺依大学农业工程系开发了基于机器视觉的西红柿田间自动杂草控制系统，使用该系统能节省用药量60%~80%。

3．防飘移技术

在施药过程中，控制雾滴的飘移，提高药液的附着率是减少农药流失、降低对土壤和环境污染的重要措施。欧美国家在这方面采用了静电喷雾技术、风幕技术、防飘移喷头、雾滴回收技术等。

（1）静电喷雾技术

静电喷雾技术是应用高压静电在喷头与喷雾目标间建立一个静电场，而农药液体流经喷头雾化后，通过不同的充电方法被充上电荷，形成群体荷电雾滴，然后在静电场力和其他外力的联合作用下，雾滴作定向运动而吸附在目标的各个部位，具有沉积效率高、雾滴飘移散失少、改善生态环境等良好的性能。静电在均匀、细化雾滴及提高雾滴在目标物的沉积量、均匀性、吸附性等方面有明显效果。据美国有关数据表明，使用静电喷雾技术可减少药液损失达65%以上。但由于该项技术应用到产品上尚未完全成熟且成本过高，目前只在少量的植保机械上采用。

（2）风幕技术

风幕技术于20世纪末在欧洲兴起，即在喷杆喷雾机的喷杆上增加风筒和风机。喷雾时，在喷头上方沿喷雾方向强制送风，形成风幕，这样不仅增大了雾滴的穿透力，而且在有风（小于四级风）的天气下工作，也不会发生雾滴飘移现象。

（3）防飘移喷头

近年来，针对喷雾过程中的飘移问题，在发达国家，特别是在欧美，开发了各种不同类型的防飘移喷头，都能有效地防止雾滴飘移和提高附着率。例如，近几年开始在欧美使用的气滴喷头，产生的雾滴是一个气泡，由于体积大，飞行速度快，抗飘移性能非常好，气泡到达目标后还能够破碎成更小的雾滴，对提高覆盖率也很有好处。少飘喷头是在扇形喷头后面安装一孔片，使药液环绕内腔"涡动"雾化成窄雾谱雾滴，易飘移的雾滴大大减少。

（4）雾滴回收技术

雾滴回收技术，又称循环喷雾技术，是利用带有药液雾滴回收装置的循环式喷雾机进行作业。喷雾时雾流横向穿过作物叶丛，未被叶丛附着的雾滴进入回收装置，过滤后返回药液箱，这既提高了农药的有效利用，又减少了飘移污染。例如，通道式喷雾装置通道是一个"门"字形的装置，当目标通过通道时接受雾滴，这样既防止了雾滴的飘移，还可以把脱靶的雾滴回收再利用。现在还有一些装置对通道装置做了简化，在目标相对喷头的另一侧加装挡板，也可以回收飘移雾滴。

第十二章
收获技术

第一节　机械收获的条件

一、适时收获

可以根据植株的茎叶、荚果和种子的形态生理特征去判断花生是否进入成熟期，以此确定适时收获时间。

（一）成熟时的茎叶特征

在成熟期，花生植株大部分营养物质从茎秆进入荚果，顶部第2~3片复叶明显变小，茎叶转黄，中部叶片转赤，并逐渐枯黄脱落，叶片的夜感活动基本消失。

（二）成熟时的荚果变化

大多数荚果在成熟期果壳变硬，网纹明显，内果皮的海绵组织极度干缩、变薄，中果皮由黄褐色转变为黑褐色。

（三）种子变化

种仁变得饱满、光润，呈原有品种的种子颜色。

大田大部分花生植株具备上述基本特征后，即可考虑收获。

花生过早或过迟收获均不利于优质高产。据分析，花生在未完全成熟，早收获1天，亩产量减少3~5千克。收获过迟，春植花生容易萌芽，种子内的脂肪重新转变为糖，含油量下降，甚至出现烂果、烂种现象，产量和品质均下降。因此，必须根据花生田的病情、虫情和天气等情况掌握收获期。凡是病虫害多、青叶少，有早衰现象的，或植株倒伏，或成熟期遇多雨天气的花生田，应及时收获。春植花生一般在开花后约85天，全生育期在135天左右收获。在广东省，大部分春植花生一般在7月上中旬收获，秋植花生一般在11月中下旬收获。

二、植株生长正常

适宜机械收获的花生必须符合下列条件：①植株不倒伏，株型直立，结果范围集中，适收期长，果柄强度大，不易落果。②田间管理到位：植株高度在30~70厘米；杂草较少；病虫害较轻，植株至少还有2~3片青叶，因病虫害或干旱枯死的植株不适宜机械收获。③种植模式规范，种植模式为垄作，一垄双行，垄上行距为25~30厘米，垄距（55±5）厘米；平作花生行距25~28厘米。

三、土壤及含水量适宜

沙土或沙壤土，且土地平整的适宜机械化收获，作业时土壤含水量20%以内。

第二节　分段收获技术

一、分段收获的原理

分段收获是指花生收获过程的各主要环节分别由相应的机械来单独完成作业的一种机械收获方法。该种收获方法需要采用多种机械完成花生收获过程的主要环节作业，其中主要有花生起收机、田间运输机、花生摘果机和花生清选机等。该收获方法相对简单，但所用机械种类和数量多、小型机械多、机械作业单一且作业次数多、作业效率低、花生损失较大，是一种较低水平的机械化收获方式。

二、分段收获的流程

（一）分段收获干花生流程

一年一季种植或花生收获距离下茬作物播种时间间隔较大的花生产区，通常是北方产区，收获时季节干旱少雨，适宜于在田间干

燥，通常在花生荚果含水量降低到一定程度时进行摘果，即收获干花生。分段收获流程一般分 3 个阶段 9~10 个环节。

第一阶段是“起花生”或“拔花生”，有时也叫“收花生”，由起挖、抖土、放铺、晾晒 4 个环节构成。“起挖”是将花生地下根部和荚果一起从土壤中挖出或拔出；“抖土”是指去除花生根部和荚果间黏结和夹带的土壤或石块；“放铺”是将去土后的花生植株有序地放成条铺，以便收到更好的自然晾晒效果；“晾晒”是使花生植株条铺在田间自然晾晒，降低水分。

第二阶段是“运花生”，一般由打捆、集堆、运输 3 个环节构成，即将晾晒到一定程度的花生植株打捆或集堆、装车运输至晒场，进一步晾晒以便集中摘果作业。

第三阶段是“摘花生”或“打花生”，一般由摘果、清选、集果和集秧等 4 个环节构成。“摘果”是将花生荚果与植株分离；“清选”是将花生荚果中的石子、土块和碎秸秆等杂质清除；“集果”和“集秧”是分别将清洁后的花生荚果装袋、花生茎秆堆积处理。

（二）分段收获鲜花生流程

我国南方在花生收获季节，气候高温多雨，花生不适宜在田间干燥，通常是收获后晒干。显然，鲜花生收获流程不同于干花生收获：花生起挖后不进行田间晾晒、运输，而是鲜湿状态进行摘果作业，因而整个收获流程变短且相对简单，但花生摘果条件和植株性状显著不同。

第一阶段是“拔花生”，有时也叫“收花生”，由起挖、抖土、放铺 3 个环节构成。“起挖”是将花生地下根部和荚果一起从土壤中挖出或拔出；“抖土”是指去除花生根部和荚果间黏结和夹带的土壤或石块；“放铺”是将去土后的花生植株有序地放成条铺。

第二阶段是“摘花生”，一般由摘果、清选、集果和集秧等 4 个环节构成。“摘果”是将花生荚果与植株分离；“清选”是将花生荚果中的石子、土块和碎秸秆等杂质清除；“集果”和“集秧”同上。

三、机械两段收获

将花生收获全过程分为前、后两个主要阶段，前一阶段用起收机完成花生的起挖、去土、放铺作业，后一阶段用捡拾收获机将晾晒于地表的花生植株进行捡拾、摘果、清选和集果等作业。典型的两段式花生收获，只需要起收机和捡拾收获机两种机械，美国花生收获即采用该方法。

（一）第一阶段

花生起收机是由四轮拖拉机输出动力，通过分秧、挖掘、碎土、抖土和放铺等工序一次完成花生收获作业。

4H—2 型花生分段收获机是一种与多功能花生覆膜播种机配套的新型花生起收机。该机是目前生产中推广前景最好的，主要由机架、动力传动系统、收获部件驱动装置、收获部件、破膜圆盘、限深轮和悬挂装置等部件组成。

主要技术参数：配套动力为 8.8~13 千瓦小四轮拖拉机；生产率为 1 000~1 400 米^2/ 小时（同时收两行）；损失率≤ 1%；花生的含土量（按质量计算）＜ 5%；荚果破碎率＜ 1.5%。

主要特点：①采用反向平行四边形等角度摆动机构，将花生收获机的挖掘部件和分离部件融为一体，作业过程中先把花生挖掘，然后摆动去土，实现了花生挖掘和除土一次完成。②采用圆盘破膜装置，在挖掘花生前不但将交织在一起的两行花生蔓分开而且还将地膜切割，使地膜附着在花生蔓上，在收获的时候将花生蔓收起，地下无残膜。③利用反向平行四边形机构传动，实现等角度向相反的方向摆动，使机架承受的侧向力相互平衡，机组工作稳定。④收获部件摆动前进，工作阻力小，减少机组功耗。

（二）第二阶段

用捡拾收获机将晾晒于地表的花生植株进行捡拾、摘果、清选和集果等作业，或者人工捡拾喂入，由花生摘果机完成摘果、清选和集果等作业。

花生摘果机主要由机架、排草轮、摘果滚筒、凹板筛、清选风扇、输送带和风扇调节板等部件组成，有的摘果机装有行走轮，适合移动作业。该机需要人工捡拾喂入，然后由花生摘果机完成摘果、清选和集果等作业。

美国利斯顿 1580 型花生捡拾收获机由 50~60 千瓦拖拉机牵引，由动力输出轴供给动力，工作时可将铺于地表的花生植株进行捡拾、摘果、清选和集果等作业。

第三节　联合收获技术

一、工作原理

联合收获是指一次完成花生收获整个流程中的起挖、去土、输送、摘果与清选等全部环节的机械收获方法。采用该种收获方法只需一种机械，但由于没有放铺、晾晒环节，只能收获鲜湿的花生。花生联合收获机配备有挖拔装置、输送去土装置、摘果装置与清选装置等，前两种装置完成花生的起挖、去土，后两种装置同时完成花生的摘果和清选等作业。从理论上讲，联合收获应该是最理想的花生机械化收获方式，但花生联合收获机需要与花生对行并同时完成鲜花生的起挖、输送、摘果和清选作业环节，收获对象是鲜湿的花生植株与荚果等，机械在潮湿土壤等较差条件下工作，所以机械结构比较复杂且要求与花生垄距、植株高度等农艺结合。

二、作业条件

（1）植株不倒伏，株型直立，结果范围集中，适收期长，果柄强度大，不易落果。

（2）植株生长正常，植株高度在 30~70 厘米，杂草较少，病虫害较轻，植株至少有 2~3 片青叶。

（3）种植模式规范，种植模式为垄作，一垄双行，垄上行距为 25~30 厘米，垄面宽 60 厘米左右，平作花生行距 25~28 厘米。

（4）土壤及含水量适宜，沙土或沙壤土，且土地平整，作业时土壤含水量 20% 以内。

三、作业规范

（1）技术要求：花生联合收获机作业损失率≤ 3%，含杂率≤ 5%，破损率≤ 1.5%。

（2）准备工作：作业前查看田间地头，安排好行走路线，清理好行走路线上的障碍物，填平沟壑。

（3）人员配备：除驾驶员外，一般要配备 1~2 人负责卸载等辅助工作。

（4）机器检修：作业前按机器使用说明书对机器进行全面检修，保证机组状态良好，符合机组作业技术要求，备好易损部件及调整检修工具。

四、注意事项

（1）作业时挖掘铲要对准花生行，以减少漏收和防止花生荚果破损，提高作业效率。

（2）随时观察机器作业情况，仔细听机器声音，发现堵塞、漏收、机器声音异常及时停车查看、调整、检修，排除故障。

（3）集果箱式联合收获机的集果箱装满后及时停车，卸果装袋。装袋式联合收获机，袋装满后辅助人员应及时换袋。装袋后花生应及时运走晾晒，使花生荚果含水量降到安全贮存要求（10% 以下）。

第十三章
花生产后处理

第一节　花生干燥技术

花生荚果的干燥有自然干燥法和机械催干法两种。

一、自然干燥法

自然干燥法，即利用太阳照射和空气流动将荚果中的水分降低到安全贮藏标准。自然干燥法有田间晾晒和晒场晾晒。

（一）田间晾晒

在我国花生主产区，尤其是北方花生产区，一般多采用田间晾晒。田间晾晒时，将三四行花生合并排成一条，顺垄堆放，根果向阳，并尽量将荚果翻在上面。田间晾晒有助于植株中的养分继续向种子转移，而且荚果在植株上，通风好，干得快。田间晾晒后进行摘果。在自然干燥过程中，遇阴雨连绵天气，会增加损失，也容易引起花生品质的下降。摘下的花生荚果一般还要进行晒场晾晒。广东等南方地区，花生收获季节，一般高温高湿多雨，不适宜采用田间晾晒方式。

（二）晒场晾晒

目前，我国花生干燥仍以晒场晾晒为主，即直接将收获完成的花生荚果放在晒场晒干。摊晒时，要及时清理出部分地膜、叶子、果柄等杂物，以利于加速其干燥进程。为了加速水分散发，将荚果摊成 6~10 厘米厚的薄层，每日翻动数次，以保证水分均匀挥发。傍晚则须堆积成长条状，并采取遮盖草席或雨布等必要的措施防潮。经 5~6 个晴天后，荚果基本晒干，可堆成大堆，3~4 天后待堆内水分缓释均匀后，再翻晒 2~3 天，如此反复两次，花生荚果含水量就会降至 10% 以下的安全贮藏标准。尽管采用晒场晾晒干燥花生不需要额外的能源输出，但因其干燥周期长，干燥状态不稳定，晒场资源需求巨大，易受污染，且对天气状况依赖较大等，已逐渐不能满足我国花生产业的发展。

二、机械催干法

（一）机械催干法原理

自然干燥有时受气候条件影响，不适于大批量种子生产，需要种子烘干设备大批量快速地干燥种子。机械催干法是指在大型容器（如带有穿孔底板的箱子或挂车）中通入加热或不加热的空气，通过调节花生荚果的堆层厚度、空气温度和通风量来控制干燥过程和保证花生品质。干燥空气的温度应低于 38℃（或比周围气温高 10℃），最低气流速度应为 10 米^3/分。花生荚果的含水量为 30% 时，堆层厚度应为 120~152 厘米。花生荚果的含水量降到 8 %~10% 时，应停止干燥。

种子干燥机按照种子在干燥机内的状态分为种子静止式和种子移动式；按种子在干燥机进出口的状况分为批次式和连续式。我国用得比较多的是塔式、流动床式、双滚动式干燥机，近几年开始推广循环式干燥机。连续式塔式干燥机适用于干燥小麦、玉米等作物，多用于北方小麦产区，循环式干燥机对种子有良好的适应性，可用来干燥花生、麦、豆、玉米等的种子。

（二）种子干燥机技术规范

1. 低温干燥

干燥温度要确保干燥后的花生种子有高的发芽率。过高的干燥温度会大大降低花生种子的发芽率。收获时花生种子的含水量较高，种子在高温环境下，其种芽已处于诱发状态，胚芽获得养料即可破胸露白，嫩芽待发。随着干燥过程的进行，这种状态在干燥去水过程中消失，嫩芽被烧死。所以，花生种子千万不能高温干燥，干燥的温度应低于 38℃。

2. 薄层干燥

堆层厚度对干燥效果有很大影响。堆层较厚时，进风侧与出风

侧的温、湿度梯度较大，进风侧的种子干得快，出风侧种子干得慢；堆层断面的温、湿度梯度较大，干燥不均匀。薄层干燥时，堆层断面的温、湿度梯度较小，干燥均匀，热风通过堆层的阻力较小，风量相同时，静压较低，所需排风机功率较小。

3．大风量、大通风面积

设计完善的风路在增加干燥部通风面积，减小堆层厚度的同时，增加排风机的风量。设计完善的风路可提高干燥效果。如两级通风的干燥机风路，热风的主要部分经过干燥部的堆层，而另一路热风经干燥部下方的堆层。这些措施即使对于高含水量的花生种子，也能高质量完成干燥作业。

4．干燥速度控制

干燥时应注意的重要问题是花生荚果“爆裂”。爆裂使食味变差，种子发芽率降低。种子干燥速度（每小时降水率）过大，会使爆裂率增大。采用热风干燥时，规定每小时降水率以0.6%~0.8%为好，最高不大于1%。所以，现代干燥机都采用了干燥速度控制。

当含水量在22%以上时，采用定温控制干燥法；当含水量降到22%以下的中低水分区时，则采用干燥速度控制，每小时降水率可在0.4%~0.8%范围内调节。

5．间歇干燥和缓苏

作物种子热风干燥过程中，荚果表层先干燥，而果仁中心部的水分来不及散发出来，此时若连续通进热风，反而会起坏作用。当荚果处于高含水量的初始平衡状态时，通进热风带走表面水分并使种子整体加热，此时种子中心部水分仍为初始状态，若暂时停止加热，荚果的热量仍会使中心部的水分向外扩散，这一阶段称“缓苏”。在缓苏阶段，荚果仍在继续降水，同时谷粒中心部位与外表的水分逐渐拉平，最后达到较低含水量的新平衡状态。由此可见，缓苏阶段对作物种子的干燥是很重要的。对花生而言，如果没有缓苏期或者缓苏期过短，会引起荚果爆裂，造成发芽率降低。干燥段与缓苏段的时间比约为 1 ∶ 5。

6. 自动控制工作过程

种子干燥机自动控制工作过程以设定的程序精确控制热风温度，随机监控种子的水分，自动停机，防止过热干燥。

7. 结构合理设计

种子干燥机要有良好的防止混种的结构设计，清扫方便，无残留。

三、干燥机械类型

（一）挂车式干燥设备

挂车式干燥，是美国农场普遍采用的干燥花生模式，是由挂车式干燥车和加温鼓风装置组成。挂车式干燥车，就是一个下底可以通风的大型挂车，每车容量 3.2~3.6 吨。收获后的花生荚果直接在田间倒入干燥挂车，然后用农用汽车或拖拉机拖至烘干棚。每个烘干棚一般可容纳 8~10 辆干燥挂车。干燥挂车被拖至干燥棚后，把加热鼓风装置的导风管分别接到各干燥挂车上就车干燥、集中烘干，一般需 2~3 天，主要加热燃料是液化气。整个干燥系统是由干燥棚、干燥挂车、加热鼓风装置、传感器及控制系统组成。整个作业过程实现自动化、信息化、智能化控制，可有效保证花生荚果的干燥质量。干燥完成后的花生用汽车直接拖着干燥车，将花生转移至花生仓储点或脱壳加工厂。

这种干燥模式从田间到工厂转移过程中减少了诸多不必要的装卸工序，简单高效。直接干燥鲜果，不仅节省了干燥所需的能源，还有效地降低了花生发生霉变的概率。该套设备适宜大规模种植，然而我国花生种植规模不够大，尤其是该套设备一次性投资较大，不适合我国的农情民意。

（二）仓储干燥设备

仓储干燥主要是由仓房、加热鼓风装置、通风管道等组成。投

资成本相对较小，干燥完成后可直接进入贮藏阶段，方便可靠。目前，仓储干燥一般有地上笼通风和立体插管通风两种。地上笼通风要求空气途径比不大于1.5或风道间距小于花生堆高的1/2，且花生堆高不能过高，否则会出现下层过度干燥而上层水分未下降的现象，造成花生水分分布严重不均现象，局部位置甚至会发生霉变现象。另外，现在的高大房式仓均按6米高设计，如果为了满足就仓干燥水分均匀的要求而降低堆高，则不能充分利用仓容。立体插管通风，可以解决高堆的降水问题，但工作量大，劳动强度高，设备的一次性投入较大，管道越向下越难插，且容易折损。

第二节　花生清选技术

荚果清选的目的是清除碎裂植株、石子、泥土等杂物和未成熟、霉变、发芽的果实。荚果清选有人工清选和机械清选两种，以人工清选法采用较多。虽然有些花生联合收获机和摘果机有清选功能，但净度还不够，需要进一步清选。

一、人工清选

人工清选分为手工拣选和人工扬净两种方法。手工拣选就是用手工将碎裂植株、石子、泥土等杂物和未成熟、霉变、发芽的果实拣选出来。人工扬净是利用风力和通过人工用力将花生清选干净。撒扬前，应扫净场面，定好风向，选好方位，堆好花生，将要清选的花生顶风撒扬，借助风力和撒扬用力，将花生与茎叶、石块、杂物等分开，剔除破碎果和秕果。

二、机械清选

（一）作物风选机

作物风选机根据动力分为手摇风选机和电动风选机两种类型。

根据风选方式分为吹式风选和吸式风选两种，主要工作原理是依据物料、杂质之间的空气动力学特性上的不同，借助风力去除花生果中的茎秆、叶、果壳、尘土及瘪果等轻重杂物。风选除杂效率是风选机重要的技术指标，而影响除杂效果的重要因素之一就是喂料的好坏，在风选机工作过程中，给料的连续性越高、均匀分布程度越好，则风选效果越好。

（二）花生荚果清选机

用于清除花生仁或花生荚果中的茎秆、叶、果壳、尘土及瘪果等轻重杂物。对含杂 3%~60%、含水量 13.5%~34% 的各种花生果经一次清选可达到商品等级标准，不用人工挑选。当花生仁的含水量降至 8% 时，清选可提高其质量和清洁度，便于运输、贮存和后续加工。

第三节　花生贮藏技术

花生含有丰富的营养物质和水分，极易引起霉菌等微生物的繁殖，造成黄曲霉毒素等有害物质超标。随着花生产量的逐年增加，花生收获期集中，若花生的干燥贮藏问题不解决，则会导致花生质量的严重下降。影响花生安全贮存的主要因素有水分、湿度、空气等外界条件，以及荚果本身所含水分的高低、杂质的多少和品质的好坏。荚果贮存前晒干扬净，贮存期间外界条件适宜，就能保持其品质和种子的生活力。反之，入库前荚果含水量高、杂质多，贮存期间外界条件不适宜，则会增加荚果的呼吸作用，引起堆内发热，致使荚果霉变酸败而降低品质，影响食用价值和种用价值。

一、贮前准备

荚果贮藏前充分晒干，去净幼果、秕果、荚壳破损果及杂质。良好的贮藏方法和包装有助于减少致病菌的污染，贮藏和管理的失

误有可能扩大局部污染，使致病菌分布扩大或在设备中存活。因此，贮藏前需在仓库的内墙上喷洒杀虫剂，空仓用敌敌畏等药剂密闭熏蒸。若用麻袋装果，要仔细检查麻袋，发现害虫可用磷化氢片消毒，而花生堆外层麻包也要喷洒杀虫剂。此外，要预防鸟类、鼠和其他带菌体污染包装设备、包装地点和贮藏区域。不定型的贮藏柜或空容器不要与地面或土表直接接触，防止受污染。

二、贮藏方法

贮藏期间，花生劣变主要包括生霉、变色、走油和变哈。因花生壳可防止机械损伤和虫子侵扰，故花生荚果比果仁耐贮藏。花生贮藏主要采用如下方法：

（一）缸藏

选择密封性好的瓦缸或容器，放到阴凉的地方，下面垫石灰或草木灰隔潮，或者垫一层干燥的花生壳或稻草防潮，然后放入花生荚果后加盖密封保存。这种方法可保存荚果1~2年，适合少量种子的贮藏。

（二）库藏

花生库藏方法有装袋垛存、散装堆放和低温贮藏。

1．装袋垛存

装袋上垛，便于通气、管理和发运，室内外通风处囤存，一般用作短时间存放，囤的大小、形状应根据花生量的多少和具体情况而定，需要定期对温度进行监测。目前，我国大多采用室内装袋垛存来贮藏花生。

2．散装堆放

若不采取其他有效措施，容易造成通气和散热不良，检查管理不便，人为损失荚果多，种子容易回潮和遭受虫害袭击等。

3．低温贮藏

冷库是最有效的花生贮藏方式，但投入成本较大，仅有少部分企业采用此法来贮藏花生。保温库贮藏要求库温常年保持在18℃以下，最高不超过20℃，种子长期贮藏在低温干燥的条件下，能降低种子呼吸强度，延长种子寿命，保持种子生活力。

（三）二氧化碳密封贮藏

用透气性极低的无毒塑料薄膜包装花生后，在袋内充入足够的二氧化碳，并迅速热合封袋；花生快速吸附二氧化碳后，袋内出现负压，使花生与花生、花生与薄膜彼此紧贴。经此法处理的花生，贮藏3个夏季后，完好率可达93%。

三、定期检查

定期检查种子含水量和贮藏过程中的堆温，同时还要定期检测荚果含水量和种子发芽率，如超过安全贮藏界限，应立即通风翻晒，确保花生荚果或种子干燥。

四、防治仓虫

对已发生虫害的花生应使用熏蒸剂进行防治，把药剂置于受侵害的花生周围，密封仓库，防止毒气外泄，当害虫被杀死后，翻仓筛除虫体并喷洒适量药剂，然后重新入库。

第四节　花生脱壳技术

一、花生壳的作用

花生剥壳后不易安全贮藏，易受潮霉变；同时，由于失去外果壳的保护易遭受机械损伤；呼吸作用会明显加快，种子内贮存的营养物质会加剧消耗，从而导致生活力减弱，进而影响到发芽率和发芽势，造成缺苗断垄和苗弱、苗黄的现象，直接影响花生的产量。因此，用作销售的花生，一般在销售前几天进行剥壳，而作种用的

花生，则在播种前 10 天内剥壳。

二、花生脱壳方法

花生脱壳有人工剥壳和机械剥壳两种方式。目前，种用花生采用种子剥壳机或人工剥壳方式。

随着市场发展的需要，花生剥壳机出现后，群众开始把花生剥壳加工成花生仁出售。以小型家用为主的花生剥壳机在我国一些地区广泛应用，而能够完成脱壳、分离、清选和分级功能的较大型花生脱壳机在一些大批量花生加工的企业中应用较为普遍。使用花生剥壳机时，应注意花生果不能太潮湿，以免降低效率；太干，则易破碎，当花生果含水量低于 6% 时，应洒水闷一下后再剥壳。

一般剥壳机脱壳后的花生仁存在破皮和损伤率较高的现象，影响种用花生的质量，只能用于榨油、食品加工和食用，而不能用作花生种子。花生种子剥壳必须用花生种子专用剥壳机或人工剥壳方式，用作种子的量少时，可采用人工剥壳。

三、花生剥壳机的脱壳原理

目前应用比较广泛的花生剥壳机的脱壳原理有以下几种：

（一）撞击法脱壳

撞击法脱壳是物料高速运动时突然受阻而受到冲击力，使外壳破碎而实现脱壳的目的。其典型设备为由高速回转甩料盘及固定在甩料盘周围的粗糙壁板组成的离心剥壳机。甩料盘使花生荚果产生一个较大的离心力撞击壁面，只要撞击力足够大，荚果外壳就会产生较大的变形，进而形成裂缝。当荚果离开壁面时，由于外壳具有不同的弹性变形而产生不同的运动速度，荚果所受到的弹性力较小，运动速度也不如外壳，阻止了外壳迅速向外移动而使其在裂缝处裂开，从而实现籽粒的脱壳。撞击脱壳法适合于仁壳间结合力小、仁壳间隙较大且外壳较脆的荚果。影响离心式剥壳机脱壳质量的因素有籽粒的水分含量、甩料盘的转速、甩料盘的结构特点等。

（二）碾搓法脱壳

花生荚果在固定磨片和运动着的磨片间受到强烈的碾搓作用，使荚果的外壳被撕裂而实现脱壳。其典型的设备为由一个固定圆盘和一个转动圆盘组成的圆盘剥壳机。荚果经进料口进入定磨片和动磨片的间隙中，动磨片转动的离心力使籽粒沿径向向外运动，也使荚果与定磨片间产生方向相反的摩擦力；同时，磨片上的牙齿不断对外壳进行切裂，在摩擦力与剪切力的共同作用下使外壳产生裂纹直至破裂，并与壳仁脱离，达到脱壳的目的。该种方法影响因素有荚果的水分含量、圆盘的直径、转速高低、磨片之间工作间隙的大小、磨片上槽纹的形状和荚果的均匀度等。

（三）剪切法脱壳

花生荚果在固定刀架和转鼓间受到相对运动着的刀板的剪切力的作用，外壳被切裂并打开，实现外壳与果仁的分离。其典型设备为由刀板转鼓和刀板座为主要工作部件的刀板剥壳机。在刀板转鼓和刀板座上均装有刀板，刀板座呈凹形，带有调节机构，可根据花生荚果的大小调节刀板座与刀板转鼓之间的间隙。当刀板转鼓旋转时，与刀板之间产生剪切作用，使物料外壳破裂和脱落。主要适用于棉籽，特别是带绒棉籽的剥壳。由于其工作面较小，故易发生漏籽现象，重剥率较高。该种方法影响因素有原料水分含量、转鼓转速的高低、刀板之间的间隙大小等。

（四）挤压法脱壳

挤压法脱壳是靠一对直径相同、转动方向相反、转速相等的圆柱辊，调整到适当间隙，使花生荚果通过间隙时受到辊的挤压而破壳。荚果能否顺利地进入两挤压辊的间隙，取决于挤压辊及与荚果接触的情况。要使荚果在两挤压辊间被挤压破壳，荚果首先必须被夹住，然后被卷入两辊间隙。两挤压辊间的间隙大小是影响籽粒破损率和脱壳率高低的重要因素。

（五）搓撕法脱壳

搓撕法脱壳是利用相对转动的橡胶辊筒对籽粒进行搓撕作用而进行脱壳的。两只胶辊水平放置，分别以不同转速相对转动，辊面之间存在一定的线速差，橡胶辊具有一定的弹性，其摩擦系数较大。花生荚果进入胶辊工作区时，与两辊面相接触，如果此时荚果符合被辊子啮入的条件，即啮入角小于摩擦角，就能顺利进入两辊间，此时荚果在被拉入辊间的同时，受到两个不同方向摩擦力的撕搓作用；另外，荚果又受到两辊面的反向挤压力的作用，当荚果到达辊子中心连线附近时反向挤压力最大，荚果受压产生弹性、塑性变形，此时荚果的外壳也将在挤压作用下破裂，在上述相反方向撕搓力的作用下完成脱壳过程。影响脱壳性能的因素有线速差、胶压辊的硬度、轧入角、轧辊半径、轧辊间间隙等。

（六）其他新型脱壳原理

1．压力膨胀法

原理是先使一定压力的气体进入花生壳内，维持一段时间，以使花生荚果内外达到气压平衡，然后瞬间卸压，内外压力平衡打破，壳体内气体在高压作用下产生巨大的爆破力而冲破壳体，从而达到脱壳的目的。主要影响因素有充气压力、稳定压力维持时间、籽粒的含水量等。

2．真空法

将花生荚果放在真空爆壳机中，在真空条件下，将具有相当水分的荚果加热到一定温度，在真空泵的抽吸下，荚果吸热使其外壳的水分不断蒸发而被移除，其韧性与强度降低，脆性大大增加；真空作用又使壳外压力降低，壳内部相对处于较高压力状态。壳内的压力达到一定数值时，就会使外壳爆裂。

3．激光法

用激光逐个切割坚果外壳。试验显示，用这种方法几乎能够达到 100% 的整仁率，但因其费用昂贵、效率低下等原因，很难得到推广。

四、影响花生脱壳质量的因素

（一）分级处理

物料的粒度范围大，必须先按大小分级，再进行脱壳，才能提高脱壳率，减少破损率。

（二）水分含量

花生荚果的含水量对脱壳效果有很大的影响，含水量高，则外壳的韧性增加；含水量低，则果仁的粉末度大。因此，应使花生荚果尽量保持最适当的含水量，以保证外壳和果仁具有最大弹性变形和塑性变形的差异，即外壳含水量低到使其具有最大的脆性，脱壳时能被充分破裂，同时又要保持果仁的可塑性，不能因水分太少而使果仁在外力作用下粉末度太大，可减少果仁破损率。

花生荚果干燥时，机械脱壳比例高，但破损籽仁个数多、发芽率低，无法作种子用。为使荚果干湿适宜，可采用下列方法：一是脱壳前先用 10 千克左右的温水均匀喷洒在 50 千克荚果上，再用塑料薄膜覆盖一段时间（冬季 10 小时，其他季节 6 小时），然后在阳光下晾晒 1 小时左右，再进行脱壳。二是将较干的花生荚果浸在大水池内，浸后立即捞出，并用塑料薄膜覆盖 1 天左右，再在阳光下晾晒，待干湿适宜后进行脱壳。

五、花生种子专用剥壳机的技术规范及使用事项

花生种子专用剥壳机，可以一次性完成对花生果的剥壳、清选及分级等作业。不仅具有可降低花生仁破损率、提高剥净度的特点，而且可分级筛选出大小不同的花生仁，提高了花生仁的品质。一台花生种子剥壳机一天可剥 2 000 千克花生荚果。

技术规范及使用事项：

（1）花生种子剥壳机要达到如下质量：种子破损率低于 5%，

破净率大于或等于95%，机械脱壳种子发芽率大于或等于98%。

（2）花生剥壳机空运转时间达到规定要求后，应先小批量喂入物料进行试运行，如有问题应停机检查调整，待符合要求后方可进行正常作业。

（3）喂料时应保持适量、均匀、连续喂入。

（4）作业过程中，若花生壳中果仁较多，应适当调整风机，使风量变小，反之将风量调大。破碎率较高时，可调大间隙；脱壳不净，则要调小间隙。

（5）作业过程中出现滚筒堵塞时，应检查喂入量的大小、三角带的松紧度以及电源电压等。

（6）采用自动喂入装置的，物料喂入量应按照“产品使用说明书”等有效技术文件的规定确定。

（7）采用自动装袋装置的。花生仁自动装袋接近满袋时，应及时拨动分流板，以防堵塞。

（8）作业过程中要经常对各部分螺栓进行检查，发现松动及时停机拧紧。

（9）对于因结构差异而导致的花生脱壳机作业要求上的差异，应严格按照随机附带的“产品使用说明书”等有效技术文件进行操作。

参 考 文 献

白好仙，2014．深耕深松机械化技术探讨 [J]．吉林农业（22）：39.
蔡珂铭，张秀彬，2011．机械化整地节本技术的探讨 [J]．农机使用与维修（1）：119.
曹晓林，药林桃，2013．江西省花生机械化发展现状及研究趋势 [J]．南方农机（5）：42-43.
巢淑娟，张贵明，2013．花生收获机的现状分析及其发展 [J]．河南科技（6）：96.
陈传强，2012．花生机械化生产农艺模式研究 [J]．中国农机化（4）：63-68.
陈德新，2011．土壤机械化深耕深松技术及注意事项 [J]．现代农业科技（19）：265，269.
陈金霞，刘明国，2013．花生收获机的正确使用方法 [J]．农业科技与装备（1）：70-71.
程晋，2013．花生收获作业机械发展现状概述 [J]．农业科技与装备（2）：47-48，51.
程万里，2013．机械深松在农业生产中重要的作用 [J]．现代农业（1）：100.
丛福滋，2010．我国耕整地机械化技术研究 [J]．农业科技与装备（2）：12-14.
崔昕，2012．花生生产全程机械化技术探讨 [J]．农业科技与装备（4）：74-75.
崔兴玉，袁学鹏，杨洪义，2003．农业机械整地现状及发展对策 [J]．农机化研究（3）：51-52.
单宁，范立国，李玉联，2010．多功能深松联合整地技术 [J]．农机使用与维修（6）：96.
董德胜，2012．膜下滴灌机械化播种技术在阜新市的应用 [J]．农业科技与装备（12）：39-40，43.
杜鹃，2011．略论花生覆膜播种机械化技术 [J]．吉林农业（5）：231.
范丽娟，索长利，2013．花生膜下滴灌机械化栽培技术 [J]．新疆农机化（3）：25-26.
付国琪，杨貌亮，2009．花生覆膜播种机械化技术要点 [J]．山东农机化（4）：27.
高连兴，刘维维，王得伟，等，2014．典型花生收获工艺流程及相关机械术语

研究 [J]．花生学报（3）：26–30.
高希军，2001．中耕机使用注意事项 [J]．农业机械化与电气化（3）：12.
公培俊，2003．花生生产综合机械化技术 [J]．安徽农业科学，31（5）：884–885.
谷继风，2011．耕整地的意义及机械耕整地的方法 [J]．养殖技术顾问（5）：257.
顾峰玮，胡志超，田立佳，等，2010．我国花生机械化播种概况与发展思路 [J]．江苏农业科学（3）：462–464.
关萌，赵宝权，高连兴，等，2013．花生收获机械的类型及特点 [J]．农业科技与装备（10）：34–37.
郭发山，郭宁，刘平新，2013．花生全程机械化解决方案 [J]．农机导购（2）：17–23.
郭长明，魏广山，薄艳玲，2011．机械全方位深松综合增产技术 [J]．农机使用与维修（5）：110–111.
韩秀芳，高勇，谢宏昌，等，2010．机械深松联合整地技术的作用及效益分析 [J]．农机使用与维修（1）：31–33.
何开诚，2010．山旱地机械深耕技术 [J]．农村科技（8）：27.
何新如，孟祥雨，赵丽萍，2014．耕整地机械发展现状分析 [J]．山东农机化（6）：24–25.
侯方安，康云友，2004．花生生产机械化的发展现状 [J]．山东农机（10）：14–15.
胡宝忱，李绍会，2013．花生膜下滴灌节水高产栽培技术 [J]．园艺与种苗（5）：6–8.
胡志超，陈有庆，王海鸥，等，2011．我国花生田间机械化生产技术路线 [J]．中国农机化（4）：32–38.
胡志超，王海鸥，胡良龙，等，2010．我国花生生产机械化技术 [J]．农机化研究，32（4）：239–243.
胡志超，王海鸥，彭宝良，等，2006．国内外花生收获机械化现状与发展 [J]．中国农机化（5）：40–43.
黄红宙，王亚平，孙颖，2015．机械深耕整地操作要点及优势分析——以浑源县黄芪规范化生产示范基地为例 [J]．山西科技（2）：144–145.

黄永兰，罗奇祥，刘秀梅，等，2008．包膜型缓 / 控释肥技术的研究与进展 [J]．江西农业学报，20（3）：55-59.
冀永祥，2012．花生收获机械化现状及发展建议 [J]．中国农机化（4）：31-33.
解相光，2012．花生播种机械化技术的实践与建议 [J]．农机科技推广（4）：56.
经玉花，2015．农机深松整地技术推广的现状及问题 [J]．农技服务（3）：137.
康云友，侯方安，2006．花生生产机械化技术与配套机具（一）[J]．山东农机化（3）：26.
郎家庆，2012．连山区花生施肥指标体系研究 [J]．农业科技与装备（3）：31.
李爱英，管先军，王香仙，等，2009．花生开花下针期管理技术要点 [J]．安徽农学通报，15（10）：147-148.
李东广，余辉，2008．花生垄作增产机理及配套栽培技术 [J]．农业科技通讯（2）：103-104.
李海琴，2011．全程机械化配套与重点作业发展初探 [J]．农机科技推广（7）：48-49.
李宏，李钢，2014．机械化深耕深松的重要作用 [J]．吉林农业（23）：30.
李加恩，李世瑾，王新，等，2013．如何正确使用花生播种施肥覆膜机 [J]．农机使用与维修（6）：49-50.
李建东，尚书旗，李西振，等，2006．我国花生脱壳机械研究应用现状及进展 [J]．花生学报，35（4）：23 -27.
李金平，2011．花生自留种技术 [J]．吉林农业（23）：63.
李久文，吴则富，2008．花生生产机械化效益分析及建议 [J]．农机科技推广（2）：32.
李鹍鹏，2011．花生机械化联合收获技术要点 [J]．农机科技推广（10）：56.
林爱惜，肖德贵，甘盛锋，等，2007．秋花生平衡施肥效应分析 [J]．现代农业科技（11）：89-90.
林丽翩，潘春扬，郑荔敏，2013．花生测土配方施肥技术试验总结 [J]．福建热作科技（2）：20-21.
林志强，简远安，徐惠波，2012．花生机械化高产高效生产技术研究 [J]．现代园艺（17）：10-11.
刘海峰，刘志成，高延波，2009．灭茬旋耕联合整地机的现状及发展趋势 [J].

农业与技术，29（6）：141-143.
刘会，2008．花生生产全程机械化技术 [J]．农机科技推广（12）：48.
刘丽，王强，刘红芝，等，2011．花生产后初加工技术与机械现状 [J]．农产品加工（7）：50-54.
刘丽，王强，刘红芝，等，2011．花生干燥贮藏方法的应用及研究现状 [J]．农产品加工（8）：49-52.
刘美光，胡军，2014．灭茬旋耕联合整地机的发展现状和分析 [J]．新农村（黑龙江）（8）：250.
刘香玲，2004．花生播种铺膜机械化技术 [J]．山东农机化（4）：26.
刘向阳，金建猛，2010．花生节水补充灌溉试验研究 [J]．种子科技，28（1）：31-32.
刘志国，2010．花生机械化覆膜播种技术的应用 [J]．农业技术与装备（6）：38-39.
刘志友，于钟富，2014．水田旱耙旋耕技术及其应用 [J]．农机使用与维修（7）：95.
刘志渝，2012．花生脱壳机的正确使用方法 [J]．农业科技与装备（3）：67-68.
卢良贵，国全胜，齐秀云，2009．浅谈机械深松联合整地的作用 [J]．农机使用与维修（3）：129.
鲁滨，2012．山东省花生机械化播种发展情况 [J]．农机科技推广（6）：38，40.
陆文科，何勇明，李涛，等，2011．植物生长调节剂在花生上的应用效果研究 [J]．安徽农业科学，39（17）：10235-10236.
吕文龙，2014．新型花生种子剥壳机的研制 [J]．山东工业技术（19）：148.
吕小莲，刘敏基，王海鸥，等，2012．花生膜上播种技术及其设备研发进展 [J]．中国农机化（1）：190-192.
吕小莲，王海鸥，刘敏基，等，2012．国内花生铺膜播种机具的发展现状分析 [J]．安徽农业科学，40（3）：1747-1749，1752.
吕小莲，王海鸥，张会娟，等，2012．国内花生机械化收获的现状与研究 [J]．农机化研究，34（6）：245-248.
苗娜，2015．花生机械化收获制约因素及应对策略 [J]．时代农机，42（7）：3，9.
潘春扬，郑荔敏，黄珍发，等，2013．花生测土配方施肥技术试验研究 [J].

现代农业科技（8）：214-215.
任惠娟，曹兵，2013．浅谈机械深松整地技术增产机理 [J]．农民致富之友（1）：63.
任淑艳，2012．花生机械栽培中的几项关键技术 [J]．现代农村科技（2）：11.
任思英，刘善辉，常亮，等，2012．机械化全膜双垄覆盖沟播机具的使用与调整 [J]．湖南农机，39（3）：126-127.
山东省花生研究所，万书波，2003．中国花生栽培学 [M]．上海：上海科学技术出版社．
尚书旗，刘曙光，王方艳，等，2005．花生生产机械的研究现状与进展分析 [J]．农业机械学报，36（3）：143-147.
尚书旗，王方艳，刘曙光，等，2004．花生收获机械的研究现状与发展趋势 [J]．农业工程学报，20（1）：20-25.
沈桂明，2014．浅谈深松灭茬联合整地技术 [J]．农业装备技术，40（2）：34-35.
沈庆彬，唐洪杰，陈香艳，等，2013．花生收获机械的应用与发展 [J]．农业科技通讯（5）：214-215.
史普想，王铭伦，王福青，等，2007．不同含水量的花生种子低温贮藏对种子活力及幼苗生长的影响 [J]．安徽农学通报，13（12）：156-158.
宋庆喜，于永河，2010．推行深松联合整地技术的几点体会 [J]．农民致富之友（10）：70.
隋晶，2013．农业全程机械化生产模式探讨 [J]．湖南农机（7）：18-19.
孙洁，杨琴，沈瑾，等，2012．河南省花生产后干燥现状及问题 [J]．农业工程技术：农产品加工业（10）：41-43.
孙立伟，2011．大垄密植机械化在花生栽培中的应用 [J]．北京农业（33）：188.
孙庆卫，王延耀，徐志瑞，等，2012．花生分段收获机的应用现状及进展分析 [J]．农机化研究，34（1）：234-237.
孙啸萍，陈新华，2002．水田耕整机械化技术 [J]．农机质量与监督（4）：27-28.
孙玉旺，田海，刘春芳，等，2010．花生机械覆膜栽培技术 [J]．天津农林科技（6）：18-19.

谭文君，柴凤鸣，张珊珊．2016．滴灌花生高产栽培技术 [J]．农村科技（1）：13.
汪平，2006．测土配方施肥技术与应用 [J]．安徽农业科学，34（13）：3127-3128.
王安建，刘丽娜，李顺，2014．花生热风干燥特性及动力学模型 [J]．河南农业科学，43（8）：137-141.
王伯凯，吴努，胡志超，等，2011．国内外花生收获机械发展历程与发展思路 [J]．中国农机化（4）：6-9.
王常方，2013．关于加快花生收获机械化技术的几点思考 [J]．新农村（黑龙江）（12）：224.
王超安，王传明，2012．我国耕整地机械发展现状及未来趋势 [J]．农机科技推广（12）：53-54.
王广良，2011．大型农业机械深松深翻技术要点 [J]．农民致富之友（17）：46.
王广良，2013．浅谈旋耕机使用与注意事项 [J]．农民致富之友（15）：88.
王贵军，2012．我国旋耕机研究现状及发展方向 [J]．农家科技（5）：20.
王吉亮，王序俭，曹肆林，等，2013．中耕施肥机械技术研究现状及发展趋势 [J]．安徽农业科学，41（4）：1814-1816，1825.
王丽波，2009．浅谈深松耕整地技术 [J]．南北桥（9）：173-174.
王连平，王汉荣，茹水江，等，2006．低温贮藏花生嫩果病变及真菌状况初步研究 [J]．花生学报，35（3）：24-27.
王强，杜凤荣，2004．谈机械旋耕灭茬技术 [J]．农业机械化与电气化（2）：31.
王世军，2004．我国花生机械现状评析 [J]．农业机械（11）：39-40.
王树武，潘松岩，2009．浅谈耕整地联合作业机的正确使用与维护 [J]．农机使用与维修（6）：48.
王维忠，李明金，2006．机械化深松整地技术初探 [J]．农业装备技术，32（6）：14-15.
王业娟，2013．花生喷灌技术经济效益研究 [J]．现代农业科技（2）：212-216.
王子龙，周宏伟，2005．深松灭茬联合整地技术推广效益分析 [J]．农机推广与安全（4）：24.
温铁军，2011．花生覆膜播种机的优点、常见问题及改进方法 [J]．现代农村科技（19）：77.
温长文，王进朝，陈思刚，等，2011．我国花生机械化收获影响因素分析及发展建议 [J]．河北农业科学，15（10）：100-102，105.
邬刚，刘宏伟，袁嫚嫚，等，2013．测土配方施肥对花生生长和养分吸收的影响 [J]．安徽农业科学，41（5）：2033-2034.
吴宝顺，2010．我国花生产后加工工艺及设备发展研究 [J]．农业科技与装备（6）：47-50.
吴丹，2012．花生收获机械化技术研究 [J]．农业科技与装备（10）：72-74.
吴兰荣，陈静，苗华荣，等，2003．花生种子实用超干贮藏技术研究：Ⅰ．烘箱法干燥花生种子的探索 [J]．花生学报，32（z1）：193-196.
吴丽华，2010．花生覆膜大垄双行机械化栽培技术要点 [J]．现代农业装备(4)：71-72.
谢焕雄，彭宝良，张会娟，等，2010．我国花生脱壳技术与设备概况及发展 [J]．江苏农业科学（6）：581-582.
熊海忠，2012．花生测土配方施肥技术 [J]．农业科技通讯（2）：135-137.
熊路，卢山，王慜，等，2012．花生主要营养品质的农艺调控研究进展 [J]．中国农学通报，28（18）：3-14.
徐向东，2014．花生覆膜播种机的正确使用 [J]．农业科技与装备（8）：48-49.
薛锡柱，任喜军，刘成宝，2005．联合整地机械化技术 [J]．农机科技推广(1)：36.
薛允连，2006．中耕机主要工作部件的正确使用 [J]．农技服务（5）：55.
颜建春，胡志超，谢焕雄，等，2013．花生荚果薄层干燥特性及模型研究 [J]．中国农机化学报，34（6）：205-211.
颜建春，吴努，胡志超，等，2012．花生干燥技术概况与发展 [J]．中国农机化（2）：10-14.
燕鸿，2012．花生大垄双行地膜覆盖栽培技术 [J]．现代农业（5）：106-107.
杨启国，姚青波，2014．谈农机深松深翻方法 [J]．农民致富之友（9）：164-164.
叶俊生，2012．花生机械化栽培技术 [J]．现代农业科技（24）：42，49.
易克传，冯晓静，高连兴，等，2013．安徽省花生生产机械化关键问题与对策研究 [J]．中国农机化学报（4）：41-44，48.

殷志辉，2012．机械化深松整地技术应用（续 7）[J]．当代农机（9）：40-41.
于程，2013．花生生产全程机械化栽培技术要点 [J]．农机导购（1）：88-89.
余常兵，李银水，谢立华，等，2012．湖北省花生平衡施肥技术研究：V. 花生养分积累分配规律 [J]．湖北农业科学，51（2）：236-242.
余常兵，李银水，谢立华，等，2013．湖北省花生平衡施肥技术研究：Ⅶ . 叶片黄化防治及覆膜效果分析 [J]．湖北农业科学，52（14）：3273-3276.
臧秀旺，张新友，汤丰收，等，2010．花生上常用的植物生长调节剂 [J]．河南农业（5）：24.
张春平，王丽，2008．试论深耕深松机械化技术 [J]．农业技术与装备（2）：22，24.
张海燕，王铭伦，2002．植物生长调节剂与花生生长发育 [J]．莱阳农学院学报，19（1）：30-33.
张锦川，2010．大型机械深松的技术要点 [J]．农机科技推广（10）：54-55.
张宜茂，徐同珊，樊继刚，2011．夏花生平衡配套施肥技术试验研究 [J]．安徽农学通报，17（23）：1814-1816，1825.
张照云，林贵忠，2013．旋耕机的正确使用及常见故障 [J]．现代化农业（11）：45-46.
赵海珍，2012．浅析花生收获机的选择与使用方法 [J]．科技致富向导（4）：126.
赵胜男，2011．机械深松联合整地技术 [J]．农民致富之友（7）：45.
赵淑娟，2011．花生机械化覆膜播种作业技术规范 [J]．吉林农业（17）：69.
甄广超，2010．花生机械化生产现状探讨与展望 [J]．现代农村科技（18）：5.
郑侃，何进，王庆杰，等，2016．联合整地作业机具的研究现状 [J]．农机化研究（1）：256-263.
仲伟花，尚延艳，2014．花生生产全程机械化技术试验研究 [J]．农民致富之友（2）：215.
周冬来，李晓茹，庄洪峰，等，2013．探索农业全程机械化生产模式需要注意的几个问题 [J]．湖南农机，40（1）：11-12.
周桂元，梁炫强，李少雄，2008．花生生产实用技术 [M]. 广州：广东科技出版社 .
周桂元，梁炫强，李少雄，等，2007．清洁花生生产技术 [J]．广东农业科学

（3）：16-18.
周桂元，梁炫强，李少雄，等，2010．花生田杂草安全防除技术 [J]．广东农业科学（1），70-71，83.
周桂元，梁炫强，刘海燕，等，2008．花生病虫草害安全高效综合防治技术 [J]．广东农业科学（s1）：42-44.
周建来，李源知，焦巧凤，2000．国内外旋耕机的技术状况 [J]．农机化研究（2）：49-51.
周占坡，2011．联合播种机在花生生产中的应用 [J]．现代农村科技（12）：53.
邹吉兰，2010．花生大垄双行覆膜播种及收获机械化技术在岫岩地区的应用 [J]．农业技术与装备（6）：23-24.
左利，王勇，洪桂花，2010．花生的需肥特性及施肥技术 [J]．现代农业科技（13）：78-79.